Cambridge University Press has long been a pioneer in the reissuing of out-of-print titles from its own backlist, producing digital reprints of books that are still sought after by scholars and students but could not be reprinted economically using traditional technology. The Cambridge Library Collection extends this activity to a wider range of books which are still of importance to researchers and professionals, either for the source material they contain, or as landmarks in the history of their academic discipline.

Drawing from the world-renowned collections in the Cambridge University Library and other partner libraries, and guided by the advice of experts in each subject area, Cambridge University Press is using state-of-the-art scanning machines in its own Printing House to capture the content of each book selected for inclusion. The files are processed to give a consistently clear, crisp image, and the books finished to the high quality standard for which the Press is recognised around the world. The latest print-on-demand technology ensures that the books will remain available indefinitely, and that orders for single or multiple copies can quickly be supplied.

The Cambridge Library Collection brings back to life books of enduring scholarly value (including out-of-copyright works originally issued by other publishers) across a wide range of disciplines in the humanities and social sciences and in science and technology.

CAMBRIDGE LIBRARY COLLECTION

Books of enduring scholarly value

Earth Sciences

In the nineteenth century, geology emerged as a distinct academic discipline. It pointed the way towards the theory of evolution, as scientists including Gideon Mantell, Adam Sedgwick, Charles Lyell and Roderick Murchison began to use the evidence of minerals, rock formations and fossils to demonstrate that the earth was older by millions of years than the conventional, Bible-based wisdom had supposed. They argued convincingly that the climate, flora and fauna of the distant past could be deduced from geological evidence. Volcanic activity, the formation of mountains, and the action of glaciers and rivers, tides and ocean currents also became better understood. This series includes landmark publications by pioneers of the modern earth sciences, who advanced the scientific understanding of our planet and the processes by which it is constantly re-shaped.

De corporibus marinis lapidescentibus quæ defossa reperiuntur

In 1747 the Roman publisher Venantius Monaldinus produced a Latin edition of two early works proposing the animal origins of fossils (reproduced here from the 1752 printing). The first, originally entitled *La vana speculazione*, first appeared in Italian in 1670. Its author, Agostino Scilla (1629–1700), was a skilled artist who painted fresco cycles in several churches in his native Sicily. From examining the fossils found in the strata on either side of the Strait of Messina and observing sedimentation in rivers, he deduced that not only molluscs but even the mysterious *glossopetrae* (actually fossilised sharks' teeth) were the remains of living organisms. The second essay, by Fabio Colonna (1567–1640), a Neapolitan botanist who corresponded with Galileo, appeared in 1616 as part of a longer Latin treatise, and also argues for the organic origins of *glossopetrae*. The book is illustrated by engravings of fossil and living marine animals.

De corporibus marinis lapidescentibus quæ defossa reperiuntur

Addita dissertatione Fabii Columnæ de glossopetris

AGOSTINO SCILLA
FABIO COLONNA

CAMBRIDGE
UNIVERSITY PRESS

CAMBRIDGE
UNIVERSITY PRESS

University Printing House, Cambridge, CB2 8BS, United Kingdom

Cambridge University Press is part of the University of Cambridge.

It furthers the University's mission by disseminating knowledge in the pursuit of
education, learning and research at the highest international levels of excellence.

www.cambridge.org
Information on this title: www.cambridge.org/9781108084833

© in this compilation Cambridge University Press 2015

This edition first published 1752
This digitally printed version 2015

ISBN 978-1-108-08483-3 Paperback

VANAE SPECULATIONIS SENSUS MODERATOR

Romæ 1751 apud Venantium Monaldini Bibliopolam Romanum

DE
CORPORIBUS MARINIS
LAPIDESCENTIBUS
QUÆ DEFOSSA REPERIUNTUR
AUCTORE AUGUSTINO SCILLA
ADDITA DISSERTATIONE
FABII COLUMNÆ
DE GLOSSOPETRIS
EDITIO ALTERA EMENDATIOR.

ROMÆ, MDCCLII.
Sumptibus Venantii Monaldini Bibliopolæ in via Curſus.

EX TYPOGRAPHIA LINGUARUM ORIENTALIUM
ANGELI ROTILII, ET PHILIPPI BACCHELLI
IN ÆDIBUS MAXIMORUM.
SVPERIORVM PERMISSV.

INTERPRES LECTORI
SALUTEM.

Ultis ab hinc annis Augustinus Scilla *Siculus, pingendi arte illustris, & rerum antiquarum investigatione multo illustrior, hanc epistolam italica lingua conscripsit, atque in lucem edidit Neapoli per* Andream Colicchiam, *anno scilicet* 1670. *eamque D. Marchioni* Carolo Gregorio de Podio Gregorio *equiti Stellæ dicavit. Epistolæ vero hunc titulum, ut ea ferebant tempora, in fronte præfixit:* La vana speculazione disingannata dal senso. *Hæc eadem in latinum sermonem versa iterum in præsentia fit publici juris. In ea vertenda munere functus fidi interpretis minime curavi verbum verbo reddere, sed illa omnia, quæ ad officia, & ad obsequii, amoris & humanitatis significationem pertinebant, prætermisi, quum iis tota nimium fortasse hæc scateret epistola; verum ea selegi, quæ ad naturalem historiam pertinebant, ne eruditum, & ad solidam doctrinam properantem, meris distinerem verbis. E civitate Messana scripsit* Scilla *hanc epistolam ad quemdam Doctorem, quo familiariter utebatur, quique Melitæ commorabatur, nomen autem ejus honoris gratia reticuit, quum ab ejus sententia, quæ a doctis omnibus, his præsertim temporibus, uti absona rejicitur, longe distet, imo eam strenue oppugnet, ita ut si eum nominasset, visum quodammodo esset de amici inscitia triumphum agere voluisse. Ad hanc maxime scriptio-*

nem

nem calcaria Scillæ addidit Paulus Bocconius *Cofmi III.
M. D. Etruriæ Botanicus, & rerum naturalium fcru-
tator fagacifsimus, ac editis operibus percelebris. Ma.
gnis fane laudibus excepta eſt hæc opella, & femper
apud doctos in pretio fuit, cum ob recte philofophandi rationem, & ob fententiæ firmitatem veritati con-
fonam, tum ob imagines rerum naturalium, de quibus tractat auctor in hoc libro, quæ graphice admodum & fumma diligentia delineatæ funt, & non minus
eleganter & fcite æri incifæ, quibus iifdem omnino uſi-
fumus in hac interpretationis editione. Plurimi quoque facienda eſt Differtatio* Fabii Columnæ Lincei,
*quam ad calcem hujus libelli adjecimus, quippe quæ in
eodem argumento verfatur; nam qualis vir fuerit Columna notum eſt lippis atque tonforibus, fed magis
etiam elucet ex iis, quæ eruditus, ac plane doctus*
Johannes Bianchius Ariminenfis *fcripfit in difertiſſi-
mis lucubrationibus, quas ad ejufdem Columnæ* ΟΥΤΟ-
ΒΑΣΑΝΟΝ *adjecit. Itaque hanc Differtationem, quum
admodum rara, & inventu difficilis jam evaferit,
operæ pretium duxi, iterum typis mandare. Vale.*

DE
CORPORIBUS MARINIS
LAPIDESCENTIBUS

 uum iter facerem per inferioris Cala-
briæ partes , a Civitate Regii paucis ad-
modum miliariis , in via , quæ ad oppidum
vulgo Muforrimam ducit , fortè mihi fe
fe in confpectu obtulit mons coclearum,
conchyliorumque ftriatorum numero in-
fignis , atque talium teftarum , quæ nondum perfectè in petram converfæ erant .
Quod quum mihi mirum videretur , loca circumpofita rima-
ri in animum ftatim venit , fed nullum potui invenire harum
coclearum veftigium . Finem facere haud poteram eas infpi-
ciendi , ac effodiendi , quippe mirum mihi apparebat eas
tanto temporis fpatio , ac tam diuturno potuiffe fe confer-
vare , ac tueri , ac præcipue longe a mari , & tam emi-
nenti loco fupra ejufdem maris fuperficiem , in afperrimis
videlicet illis montibus a litore per fex itineris miliaria diftantibus . Curiofitate permotus ab incolis quærere cœpi ,
quid de hac re fentirent , qui nihil hæfitantes refponderunt,
illuc e mari delatas effe a tempore univerfalis Cataclyfmi .
In animo meo fimplicitati gentis illius veniam dedi , videns,
quod facile & perfecta animi tranquillitate earum rerum effectum , quarum principium ignorabat , in illam caufam reji-
ciebat , quæ omnem humanam recordationem fuperat .
Interea mente inquietus , & ob ea , quæ videram , ftu-
pore correptus redii Meffanam , & hic otium fallendi gratia
nonnullos libros continenter lectitans , ut genio meo indul-

A   gerem ,

gerem , qui in inquifitione , ac ftudio antiquorum numifmatum totus verfatur , incidi in locum Strabonis , qui meam
omnino adauxit curiofitatem . Quum enim de vera caufa in-
folitarum , & fubitarum exundationum maris philofophetur ,
refert etiam ex aliorum fententia nonnullas hiftorias , videlicet : *In Mediterraneis a mari ad duo vel tria ftadiorum*
millia diffitis inveniatur multis locis concharum , oftrearum-
que , & cheramidum multitudo , tum lacuum maris aqua
plenorum , ficut ait , circa Ammonis templum , & iter ,
quod ad illud ducit longum ad tria ftadiorum millia multum
effe oftrearum diffufum , falifque etiamnum inveniri multum,
& maris in altum rejici exfufflationes, ibidemque in mari fra-
ctarum navium oftendi frufta , quæ per hiatum ferantur effe
ejecta , & in columnulis effe delphinas cum hac infcriptione:
Cyrenæorum ad folemne fpectaculum miforum . His dictis
Stratonis phyfici laudat fententiam , & Xanthi Lydi &c.
Vidiffe autem fe paffim procul a mari lapides conchylii for-
mam referentes , aut pectinum , aut cheramidum effigies ,
tum marinum lacum in Armenia , & Mattienis , inque
Phrygia inferiori ; itaque fibi perfuafum effe campos iftos ali-
quando fuiffe mare [Strab. libr. 1. pag. 49. vel 84. edit. Am-
ftel. 1707.] Hiftoriam utique approbavi , iis tamen , quæ
ex ea infert , non acquievi , cum hæc pluribus fallacibus
opinionibus referta exiftimaffem ; hæc enim animantium fragmenta degentium in lacubus dulcibus , falfifque cafu aliquo exiccatis , poffunt in terram e mari fubitis aquarum eru-
ptionibus , nobis tamen minime notis , effe projecta , ibique
relicta . Poteft etiam aliquod navis fragmentum inter vifcera
terræ reperiri , erit tamen aut navis alicujus , quæ trium-
phali pompæ infervierit , aut ad navalia fefta ædificatæ , uti
Romæ potiffimum mos erat , ubi multa navium roftra vifa
funt , inde tamen argui non poteft , neque inferri , folum
illud quondam mare fuiffe , ac fexcentæ hujufmodi nugæ. Jam
vero ad rem propofitam redeamus . Prænotatus Strabonis
textus mihi in mentem redegit plurimis in locis Siciliæ noftræ , & in Meffanæ præcipue collibus , faxa utplurimum e
lapidicinis effodi , quæ nil aliud funt quam conchyliorum ,

arena-

arenarumque extranearum cum aliis pene innumeris marinis corporibus in unum conglutinatio . * Prope maris litora non infrequentes funt hujus generis lapicidinæ , feu melius dixeris ftrata lapidefacta ; nam non longe ab antiqua Antiatum Urbe vidimus hæc ftrata ex minimis cochlearum & concharum fragmentis una cum folidiore arena coagmentatis lapideam induiffe naturam .

Omnia hæc marina animalia veras conchas exiftimavi , nec ulla de hoc meus hæfitatione laboravit intellectus , eo magis quia Cardanus , homo quidem non ftupidus , cum de conchyliis loqueretur , poftquam quemdam in medium protulit Paufaniæ locum , hoc facili negotio evenire poffe firmiter autumat . En Auctoris laudati verba . (ª) *Nam conchyliorum teftæ , cum diuturnæ fint inter lapides ac fub terra , multis in locis lapidefcunt , forma retenta , fubftantia vero mutata .* Defideraffem tamen , quod hæc non ita leviter attigiffet , verum longiori tractatione difceptaffet , quænam fit ratio , cur in nonnullis prædictæ conchæ lapidefcant , in aliis vero locis minime , quod enim poffint invicem multis in locis uniri , necnon etiam durefcere ad inftar faxorum experentia me reddidit certiorem , cum rei teftimonium ob oculos femper haberem : nimirum in parte portus Meffanenfis , quæ cum ventum Orientalem , tum Græcum refpicit , aperte confpicitur rotas effodi molendinarias , quæ ex alio non componuntur , quam ex lapillis verficoloribus inftar arenæ maris : etiam apparet maris arena , ex qua conftant & formantur . Accidit etiam non raro , locum , ex quo mola aliqua nuper effoffa fuit , denuo folutis lapillis repletum , paulo poft inveniri conglomeratum infolubili quodam vinculo, revinctis cujufcumque generis conchyliis, feu turbinibus parvis fortuito inter lapillos immixtis .

Sanus itaque non effem , fi teftas , conchafque illas ibi ortum habuiffe crederem , quum fine ulla penitus ambiguitate ipfis ftratum video totum litus a mari rejectis , quæ vinculum , unionemque eamdem opportuno tempore nancifcentur .

A 2

Ex

ª *Hier. Cardan. de fubtil lib. 7. de lapid.*

Ex hoc , uti ajebam , intellexi facilitatem non *tantum*, qua in lapidibus conchylia obfervari poffunt , & reperiri , verum etiam rationem , & modum , duo faxa (variarum tamen qualitatum fecundum variàm tum accidentium , tum‿ locorum naturam , & difpofitionem) conflantur , & conftruuntur .

Aliam autem penitus rejeci opinionem , utpote fide potius , & conjecturis , quam argumentis , & demonftrationibus innixam , de ea loquor opinione , qua adfirmatur , lapides omnes , aut faltem metalliferas venas crefcere . Hoc equidem credo , non tamen ut a propriis germinent vifceribus ramos , ut ita dicam , lapideos , & minerales , fed ex coacervatione , feu unione orta ex vi falis , aut fudoris cujufdam , five afflatus , vel caloris , aut fermentationis (quod fateor me nefcire) quæ in illo loco fiat , & hæc limum illum in lapidem , lapidifque convertat naturam .

Nonnulli funt , qui Ariftotelis verba nimia religione‿ fectantes , vegetabilitatem etiam in micis metalli , inftar tritici terræ traditi , adftruere non erubefcunt , non aliam ob caufam , nifi quia ille in fuo admirandarum rerum volumine cap. 40. & 45. hoc afferit . Eruditiffimus tamen Majolus fcribit : *Sed vereor (hæc fabulofa effe , nam illo libro etiam hoc minus verifimile continetur cap. 41. in Cypro , inquit , juxta Tirrhiam nuncupatam æs fieri , quod in parva frufta difeccantes feminant , atque imbribus factis augetur , & exit , pofteaque colligitur .* Hæc ille : *ego fi ita eft , ad Dei miraculum traho :* Tandem vero bene concludit ; *Sed hoc noftro Italico cœlo hujufmodi fabulofa effe creduntur : Imbribus enim metalla fata augeri , ridiculum ubique putatur .*

Attamen legendo percepi , minerales venas folere fæpe fæpius penitus abfumi , nam uti refert Georgius Agricola in fuo *De metallorum arte* tractatu , habent venæ fuum caput , & finem , & in omnibus fodinis a fofforibus perdiligenter venæ exquiruntur potiores , utpote quæ ditiores metallo funt , quod in terra ramos , ut ita dicam , diffundit , & inter faxorum vifcera ferpens irrepit . Quod demonftrat ex loci

pecu-

peculiari natura , seu aptitudine pendere , qua extendi potest metallum .

Si res ita se non haberet , opus quidem non esset in
Elbæ insula post annos viginti iterum mineralia effodi ex illis fodinis , quæ exhaustæ remanserant , & in quas difficilis
erat descensus .

Quapropter minime credo metalla vegetare , nam si fodinæ ad duplum temporis consueti quiescerent , scilicet per
annos quadraginta , puri ac defecati metalli esset eruenda
mensura duplo major ea , qua fodina seu locus ille repletur
viginti annorum spatio , quod minime accidit . Præterea
quis est , qui nesciat ex eadem minerali vena effodi multoties materiem plus , minusve puram , quo plus , minusve
terræ adhæret , aut commiscetur illi materiei ? Ex hoc autem apprime apparet , fodinas ipsas nunquam alicujus intrin-
seci , & naturalis augumenti præditas esse ad prædictam metalli efformationem , sed solummodo ex materie , quæ illuc
casu confluxerit , concrescere . Si enim ex interna fodinarum
vegetatione erumperet , & formaretur materies , totum earum vacuum pura deberet materie repleri non commixta saxis , aut terra .

Ergo igitur in illorum descendam opinionem , id omne
per partium additionem fieri affirmantium , & illis præcipue
locis , in quibus terræ qualitas , & natura concurrit , sicuti
in Elbæ Insula ; præsefert enim illius terra naturam magneti
simillimam , & consequenter locus est aptissimus ad ferrum
producendum . In hanc sententiam duplex me argumentum
adduxit .

Primum quod meis oculis in aluminis fodinis maxima vidi pondera tophorum , quodam acri humore , aut quacumque alia re conspersorum , quæ cito in alumen mutatura vi-
debantur . Eorumdem enim tophorum qualitate , & constructione diligenter ad trutinam revocatis plus , minusve illos
comperi , vel perfectos , vel magis a perfectione remotos ,
quo magis ab ejusdem aluminis fodinarum centro laterali ,
dissitoque tractu positi essent ; in centro enim fodinarum vena
mineralis consistit , qua ex vena , cum tophum quemdam
justæ

juſtæ magnitudinis eruiſſem , & diligenter conſideraſſem ,
eum nil aliud eſſe intellexi , quam lapidum coagmentatio-
nem tum in figura , tum in magnitudine ac duritie & variarum rerum cum terrea, ac glebosa materie unitarum, & aperte comperitur conſtare ex ſimillimis partibus , ex quibus conſtant finitimi campi . Patet tamen tophum partium ſuarum
corruptione ferme mineralis naturam inducre , evidenter
enim cognoſcitur humorem illum , qui ex ipſis mineralibus
venis quaſi exſudans effluit , cum ad ſaxeas tophi ejuſdem
glebas pervenerit , illas paulatim permeare , & illas diſſol-
vere eo modo , quo glebarum coagmentatio , & forma per-
mittit , videlicet per lineas ; vel potius per quaſdam ſuperficies , ſeu , ut accuratius loquar , per ſegmenta æquidi-
ſtantia , & poſtquam in fruſta ſeu laminas ſaxum ſecaverit ,
aut diſpeſcuerit ſalinus ille humor , omnes earum partes fer-
mentando commutare ; eoque diligentius·id evenire cognovi
quo magis ſaxea illa materies , quæ a præfato humore agen-
te attingitur , duritie , ac magnitudine prædita eſt . Idipſum
in parvis evenire lapillis nondum comperi , vel quia ea cor-
puſcula haud multum cum illo acri humore contendant , vel
quod minime liceat eadem obſervare , quum in tam exigua
corpora oculos intendimus . Nihilo tamen minus , ut mea
fert opinio , in aluminoſam ſubſtantiam iiſdem omnino rationibus ac iiſdem penitus modis lapillos ipſos commutari exi-
ſtimandum eſt . Ut ut ſit , indubium omnino eſt , quod fodinis terrea materie vix repletis , brevi temporis ſpatio ,
quidquid terræ erat , in ſubſtantiam aluminis convertetur . *
Accuratiſſimi authoris ſententia de aluminis efformatione &
rationi conſona eſt & chymicis reſpondet , experimentis. Aci-
dum enim vitriolicum , quod ſi bituminoſæ materiæ uniatur,
ſulphur efformat , Cretæ , aut Terræ abſorbenti permix-
tum in alumen concreſcit . Quare ex lapidibus , qui acido ,
& terra eadem conſtant , ut de ſaxis Siculis putandum eſt,
Alumen extrahitur . Nam particulæ ſalinoacidæ Lapidis aut
alterius Corporis foſſilis poros ſubeunt , ac pervadunt , &
Terræ ut dicunt alkalinæ intime ſeſe permiſcentes alumen
fiunt .

Tali

Tali penitus modo contingit in mineralibus venis salis, quæ in Montibus Regalmuti, Siciliæ Insulæ oppidi, reperiuntur: nam venæ illæ a colonis replentur terreis solutis glebis data opera, & eædem brevi temporis intervallo coacervatæ, ac defecatæ, non minus salis illius paulo ante effossi lucidæ dignoscentur.

Alterum jam addatur argumentum, quod eorum recte opponitur opinioni, qui minerale corpus vegetare affirmant. Fazelli verba placet in medium proferre: (ª) *In collibus* (inquit) *huic oræ imminentibus non longe a Nisa* [quæ est oppidum prope Messanam] *minera est auro, & argento nobilis, ubi specus, & cavæ in rupibus excisæ adhuc visuntur, in quibus veteres auri, & argenti fodinas exercebant, effoditur quoque in eisdem collibus alumen, ferrum, & porphyreticus lapis, alumen tamen in majori copia.* Hisce oculis egomet vidi loca, quæ adhuc una cum veteribus officinis intacta asservantur, & præsertim fodinæ unde ab operariis, quadraginta ab hinc annis ferrum effodiebatur, quæ tamen ob sylvarum penuriam, qua proxima arva laborant, derelictæ fuerunt; quæ loca cum ita efformata sint, ut a quacumque externa repletione sint libera, recentes adhuc malleorum ictus præseferunt. Nunquam crevit, neque unquam ex se crescet minera, nisi corpus aliquod adveniens repleverit effossum vacuumque spatium, & in loci qualitatem conversum fuerit. Certum quidem est, quod etiam hodiernis diebus illæ auri, argentique mineræ possent usui esse; nihil enim aliud quam operariorum experientia desideraretur, nisi feudorum domini totum amittere dubitantes studiosos arcerent perscrutatores, atque lignorum penuria quamplurimos non dehortaretur a ferri opificio, in quo multi decoxerunt, quamvis per aliquod tempus Regis nostri Catholici copiæ bellica instrumenta quamplurima hinc eruerint. Huic tamen opinioni tanquam omnino veræ non assentior, nam haud facile animum induco ut credam, corpus aliquod, aliud omnino dissimile penetrare, & in suam naturam convertere.

Non

---

a *Fazel. de reb. Sic. prior. decad. l. 2. c. 2.*

Non tamen a veritate prorsus alienum mihi videtur , talem
naturæ rerum inditam esse vim activam , ut in tali corpore
agere possit instar ferme ignis saxa excoquentis , eaque ad
salsam , corrodentem , & levem materiem reducentis , aut
alia ratione pervertentis figuras seu particulas illas , quæ corpus illud componunt , aut alia virtute simul colligantis spar-
sas corporis ejusdem homogeneas partes , & ita nobis uni-
tum ostendentis id omne , quod propriæ substantiæ , & partium compositioni conformatur , aut aliis quibuslibet modis
quos ne cogitare quidem scirem , quosque , ut me expediam ,
uno verbo conversionem appello . Et revera si credendum sit
in illa mineræ parte tantam , tamque magnam vim activam
inesse , qua de causa minus probabile erit opinari , materiem exterius additam in saxum , aut minerale internorum
effluviorum , seu evaporationum , aut quacumque alia causa ,
quæ in locum eumdem concurrat , conversam fuisse , quam
contrariæ adhærere opinioni ? Animus saltem noster alicui
adquiesceret experimento , & ita nil aliud reliquum esset ,
quam , quibus id eveniat rationibus , modisque meditari ,
& cujusdam generis sit ea virtus , quæ qualitates infundit ,
vel quæ glutinis vicem gerit , terreasque solutas particulas
in unum conglomerat , & tali modo omnem abjiciemus cu-
ram montibus animam saltem vegetantibus non absimilem
donandi .

Dum hæc pervestigarem , obviam mihi sese obtulit Pe-
tri Johannis Fabri liber , & maximo mihi fuerunt oblecta-
mento , quæ scripsit præsertim de miris aquis cujusdam sub-
urbii Clarimontis in Alvernia ; & quomodo faciliter cujuscumque lapidis originem adstruat , intellexi , & qua expe-
dita ratione , ac facili principio in quodcumque immane
saxum colorem , ac soliditatem inducat , salis , sulphuris ,
ac mercurii paucam quidem alterando mensuram . Ut tamen
libere veritatem profiteamur , nescio quo pacto cum chymicis convenire possim , qui multa supponunt principia , & cæ-
cum extorquere conantur suis sententiis assensum , si sane scia-
mus quanta imbecillitate humanus intellectus laboret , & in
quanta versetur rerum ambiguitate . Verum mihi affirmatur ,
hæc

hac noftra tempeftate a doctiffimis viris omni conatu totifque
viribus propugnari opinionem vegetabilitatis lapidum , quæque afferit variorum corporum marinis pene fimilium productionem mere lapideam , etiam inter vifcera terræ .

Attamen quod ab oculari infpectione edoctus fueram ,
propugnare decrevi . Mihi tamen levis vifa eft opinio illorum , qui : (a) *Hæc referunt aut ad mundi animam , aut*
univerfe ad naturam , quæ cum eadem ubique fit , & re-
rum omnium , quas ubique contineat , lapides efformat ex
fucco idoneo in mediis continentibus referentes externa fpecie
conchas , & pifces , quas procreare eadem folet in medio, ac
diffito mari . Opinio quidem non amplectenda , quum mihi
a pene innumeris videretur rationibus evidenter negari , atque impoffibile penitus effe , ut a multorum auctorum cen-
fura exfibilata non fuerit . Nec deceptus fum , etenim incidi in Francifcum Calceolarium , qui de hac re accuratiffime
agit , primumque mihi videbatur pro mea fententia fcriptor
magnæ ftare auctoritatis , præcipue quod cum Fracaftoro (b)
magni quidem nominis inter literatos viro , fentiret , qui ,
fe dicebat exiftimare hæc (nempe petrefacta corpora , de
quibus fermonem habemus) *olim vera animantia fuiffe illuc*
jactata a mari enata . Eamdem fequi opinionem eruditiffimum
virum Simeonem Majolum intellexi (c) : *Quod vero* , inquit,
intra lapides , faxave comperiantur conchylia , animantium-
que offa non adeo admirandum putarim , quandoquidem ex
diluvio generali , aut etiam alio cafu defoffa illa offa terræ
vifceribus diuturnitate temporis concreta , folidataque humo
ipfi ibi fervata funt . Reperiuntur hujufmodi in pago Zichen
apud Trajectum ad (d)*Mofam* Idem a doctiffimo confirmatur
Ludovico Mofcardo , poftquam enim perplura petrificata animalia infpectoribus delineata exhibuerit , obfervat : *Varias*
pifcium fpecies veluti auratarum , anguillarum , & aliorum
etiam , qui in quadam petra per fuperficies diftincta durat;
cujus fuperficies fi aperiantur , pifcis inter ipfas contentus ,

B   *dimi-*

---

a Pet. Gaffend. Oper. tom. 2.Phyf. fect. 3. memb. 1. lib. 3. cap. 3. de lapid. ac metall.
b Mufeum Calceol. fect. 5.   c Dier. Canicul. colloq. XVIII.
d Muf. Mofcard. l. 2.

dimidius in utraque parte remanet superficiebus adhærens, &
quum hoc modo piscis findatur medius, apparent (quod no-
tandum est) omnes spinæ a capite usque ad caudam. Nunquam sermoni finem imponerem, si omnia referre vellem
loca auctorum, qui in meam descenderunt sententiam. Vi-
desis(ª)PetrumMaffeum,PaulumOrosium,(b)Cesalpinum,Kir-
cherium,(ᶜ)Poterium(ᵈ),FabiumColumnam,Imperatum,Ale-
xandrum ab Alexandro, aliosque scriptores quamplurimos,
& ego verba addam nonnulla Melchioris Guillandini, opinionem Plutarchi, Olimpiodorique referentis : *Scribit quo-*
que Plutarchus in Iside, & Osiride, & consensit Olimpio-
dorus ad primum Metheororum, Ægyptum mare fuisse: quan-
doquidem multa adhuc in fodinis, multa in montibus habe-
re conchylia invenitur. Re vera veritati, & sapientibus me
conformare bonum autumavi (ᵉ), nam, etsi alii pro mea
sententia minime starent, satis mihi fuisset doctissimi auctoritas Gassendi ; ipse enim postquam opiniones varias expo-
suit, & enucleavit, (ᶠ) quamvis neget, inter viscera terræ mare per tantum spatii irrepsisse, concludit : *Cum vero*
persæpe contingat (ᵍ), ut, aut terræ motu, aut alia ra-
tione lacunæ istæ per rimas effluant, vel quæ confluebant in
illas aquæ, alio deriventur ; fieri proinde potest, ut pisces,
& conchæ in sicco remaneant, & succus lapidescens eo con-
fluat (ʰ) *, quia declarata ratione combibitus facere ex iis*
lapides, priore forma retenta, possit. Notum est autem posse deinceps hujusmodi lapides, aut fodiendo reperiri, aut
torrentibus latera montium excedentibus detegi, aut terræ
motu crustari, aut aliqua denique ratione prodire. Eos tamen auctores perlegens hoc ab ipsis rationabilius problema
ad examen propositum animadverti, scilicet, utrum conchylia, echinos, pisces &c. ceteraque similia corpora, quæ in
terræ visceribus reperimus, e mari ejecta fuerint, an in
locis ipsis, ubi visuntur, ex aliquo flumine, aut lacu, sive
aqua-

---

a *Petr. Maff. Histor. Ind. l. 5.*   b *Paul. Osor l. 1. c. 3.*
c *Cesal. de re metall. l. 1. c. 2.*   d *Kircher. de effect. magn. l. 1. par. 2.*
e *Poter. Pharm. Spargir. l. 2. c. 7.*   f *Column. de purpur. Differ. de Glossop.*
g *Alex. ab Alex. dier. Gen. l. 5. c. 9.*   h *Guilland. de papir. membr. 1.*

aquarum fubterraneo alvo producta fint . Hujufmodi tamen problema , quamvis curiofiffimum fit , ad rem tamen meam, propofitumque primum non facit , attamen credo vero proximiorem opinionem exiftimantium id omne a mari in terram fuiffe projectum , quam opinionem negantium . Sufficit autem mihi modo , omnes in eam concurrere fententiam , quæ ftatuit , corpora ea , de quibus difputamus , vere , & proprie animantia fuiffe , non autem quafi ludos , fœtufque informes Naturæ ex lapidea fubftantia fimpliciter conflata .

Aliquem ex veteribus , novifque auctoribus perlegere (a) ftudui , qui illi faverent opinioni , quam non rebar me fequi debere , ut aliquid de eorum rationibus , probationibufque delibarem , atque vim , & pondus earum cognofcerem , fed primum repperi Guilandinum , quem adducunt , in quadam epiftola typis mandata , tamquam propugnatorem opinionis illius , quæ mihi non probabatur,(b)infirmis uti rationibus , nifi qui illas retulit , in oppofitum fenfum eas converterit . Ante omnia oftendere ipfe conatur , inter abftrufiores terræ latebras , quo neque refpirationis , aerifque , quamvis vehementer exagitati , halitus pertingunt , animalia gigni poffe , & oriri , & ad hoc probandum hiftoriam quamdam adducere fatis , fuperque exiftimavit . Aft nefcio quare Alexandri , & Plutarchi verbis ufus ipfe fuerit , ambo enim ab hujufmodi fenfu , ut videre eft , longe diftant . Scribit Alexander : (c) *In memoria mihi eft lapidem duri marmoris non unius coloris vidiffe in montibus Calabris* (miratur ipfe) *longo a mari receffu , in quo multiplices conchas maris* (id notetur) *congeftas , & fimul concretas cum ipfo marmore in unum corpus coaluiffe videres , quas quidem offeas non lapideas effe , & quales in littoralibus vadis refpicimus , facile erat cernere* . Loquitur ipfe de corporibus externe advenientibus unitis , & conglutinatis in faxo , non autem , uti ipfe Guilandinus defiderat , productis in marmore ; & Plutarchus ex infpectione aliorum fimilium corporum per Ægypti campos viforum arguit , ut paulo ante notatum eft ;

B 2

Ægy-

a *Guil. ibid.*   b *Letter. Memor. del Giufta.* 117.   c *Alex. ibid.*

Ægyptum olim mare fuiſſe . Ex hoc autem illud non infertur , quod Guilandinus intendit , quinimo pro mea sententia stat . Gradum inde facit idem Auctor ad oppugnandum , necnon ludificandum Orosium : *Sed & Paulus Oroſius,* inquit, *diluvii , quod Nohe tempore effuſum fuit , argumenta illa eſſe prodidit , quod locis quibuſdam montes longe ab aquis diſſiti , & conchis , & oſtreis adhuc ſcatere viſuntur . Verum parum illuſtria hæc ſunt illuvionis ſigna .* Ecce rationem : *conſtat enim conchas , & oſtreas non ſolum in mari , ſed etiam in montibus , & terræ viſceribus pro loci natura inter calculos gigni , & ſi lacus aquæve copioſiores abſint ; quid ?* Quamplurima ille reponet , qui loca ab ipſo nominata , in teſtem adducto Athenæo , nota habebit . Non enim omnino arida erunt , uti Guilandinus opinatus eſt , nec deſignabit animalia , eis ſimilia , quibus tantum inſpectis Oroſius ea neceſſario in mari genita reputavit . Ne te pigeat Athenæum ipſum perluſtrare , ejuſque ſcholiaſtem Caſaubonum perpendere , auctorem quidem maxima præditum eruditione , & procul dubio cognoſces , hujuſmodi animalia , in aquis ortum ſuum habuiſſe , necnon & illa , quæ a nonnullis foſſilia nuncupantur , in aquis primum fuiſſe producta, ſed alimenti gratia , vel quia ſunt amphibia inſtar ranarum, ſimiliumque animalium , quæ in ſicco , & in aquis vitam ducunt , in limum irrepſiſſe , nunquam vero legendo invenies piſces foſſiles , qui auratis , gladiis , caniculis , vel lamiis ſint conformes natura , piſces autem invenies veros , & guſtatu delectabiles ; ſed ex hoc non arguitur eoſdem eſſe , quum fieri commode poſſit , produxiſſe naturam in lacubus , ſeu alio quocumque humido loco piſces talis ſpeciei , qui etiam in arida arena immorantes vivere poſſint , hoc autem in regionibus ab hiſce noſtris plurimum diſtantibus .

At ita ſe res habeat , ut Guilandinus opinatus eſt , ſufficit mihi , ſermonem eſſe de animantibus perfectis , non autem de lapidum generatione in marinorum piſcium figuram efformatorum , quod eſt primum , & præcipuum meæ inveſtigationis propoſitum , ut hujus rei veritatem invenirem . Et revera metam ferme attigiſſe exiſtimavi , quum in auctorem

rem quemdam, Ofvaldum Crollium nomine, incidiffem, unum ex celebrioribus fcriptoribus, qui hanc exiftere vim generativam rerum pene fimilium promifcue, ubique, ac in omnibus penitus locis opinatur, prædicant, edocentque. Sed re bene perfpecta intellexi denique, eum lineamenta quædam in plantis vidiffe, quæ a nullo unquam, etiam perfpicaci potentia vifiva prædito, infpici poterunt. Pingendi artem calleo, & tamen fateor, perhorrendum efformandum effe monftrum, fi ejus membra herbis, plantifque illis, aut cuicumque rei, quam humani corporis membris conformem Crollius defcribit, omnino fimilia effent. Perridiculum profecto eft, quod Crollius poft hæc verba infert· num. 9. Capitis *De genitalium fignatura* hoc modo : *Utriufque fexus genitalium fignaturam habent uvarum acini*. Perbelle tandem mehercle concludit : *Ideo veteres non fine caufa dixerunt fine Baccho frigere Venerem*, & tamen integrum adagium, ut faniori mente loqueretur, eum monere debebat, illud enim *fine Cerere & Bacco friget Venus* confonat neceffario verbis Cratetis Philofophi : *Amorem fedat fames*.

Pari paffu procedunt alia figna, eaque parvipendenda funt, alii vero fuper hac re, ut libet, opinentur. Quare illis concedo, ut credant, bibam marinam, hermodactilum, phallum, agnum Scytichum, *Borametz* dictum, magis adfimilari caftaneæ, quam uvæ racemo, magis manui, quam noftro genui, magis Priapo hortorum Deo, quam humano pectori, & magis agno, quam angui, non autem quod in lineamentis eædem res fint, quod oftendendum effet, ut mihi fuaderi poffem ab uniformi principio, ab eodem femine, & ab una tantum, eademque virtute effectrice producta effe.

Nihilominus haud ægre admitterem in Natura, femina, quæ ex intrinfeca, propriave virtute potuiffent in Romano folo, celeberrimum illum, & iifdem veteribus vetuftiffimum, & originis ignotæ Teftaceum montem producere, qui ex fictilibus fractis conflatur ; eaque ratione enatum effe adfirmare (a), & eadem prorfus ratione prodiiffe, ut refert Theophanes,

a *Dier. Canic. Colloq.* 35.

phanes, quem Majolus auctorem adducit, ob quamdam
terrae trepidationem ex voragine profunda *mulum incolumem*.
Fortassis enim nonnulla minima asini & equae semina invicem
coagulata inter viscera terrae eum produxerunt, aliosque
etiam producere possent, & si res id exposcat, etiam cum
suis ephippiis. Ita etiam Aborigenes, quos e terra ortos Dio-
dorus Siculus, poetice potius quam historice narrat. Haec
autem joco dicta sint, nunc vero veritati indulgeamus. In
ea igitur sententia animum obfirmabo, praefatas res esse cortices, aut veriori nomine, aequoreorum animalium conchas
in Calabriae partibus data opera congestas, atque in lapidem
concretas in portus Messanensis littore, ejusque collibus.
Minime arroganter sentire existimavi, si perpaucorum opinionibus non adhaererem, nam ut Imperator Justinianus do-
cet : *Plus valet quod in veritate est, quam quod in opinione*.
Mihi constanter proposui, puriorem philosophiam eam esse,
quae magnum interesse putat discrimen inter humanas cogita-
tiones, ac inter naturae opera circa verum rerum omnium
principium.

 Ita se res habet ; animus meus acquievit veritati, &
existentiae rerum practice observatarum, ac vale dicens auctoritati Philosophorum illorum, qui speculationi tantum ac-
quiescunt, & ad historicos naturales mentem converti, sed
quid inde ? me magis magisque in tricas conjeci, quaenam
enim inter ipsos temporum, generationum, rerum, ac opi-
nionum discrepantia non invenitur ? Animi propensio, mali-
tia, iniquitas, non autem recta animi ratio eorum calamos
ad scribendum impulerunt. Verborum ambiguitates, & cae-
ca credulitas circumferuntur, & unusquisque propriam ex-
tollere nationem sibi in animo proposuit, naturales, pro-
priosque celando defectus, ac exterorum laudes ; optime
tandem intellexi planum, evidensque imbecillitatis, & sim-
plicitatis argumentum praebere eum, qui historiis statim ac
sine delectu credit, ideo semper dubius auctores, quicum-
que illi sint, lego, nec illis fidem habeo ullam, nisi prius
re bene perpensa, etiam si opinioni meae faveant.

 Hinc cum fortuito capsulam quamdam variis glossopetris

tris refertam , e Melitæ mineris confpexiffem , nova mihi in-
ceffit cupido earum nonnullas adipifcendi , five ut majus robur meæ fententiæ de illarum origine adjicerem , five ut a-
liarum rerum commodiori infpectione fortaffe in adverfario-
rum opinionem tranfirem . Quamvis , ut verum fatear , la-
pillus quidam inter dictas gloffopetras a me perfpectus , qui
in fe continebat Caniculæ dentem , femiconchylium , nonul-
las vertebras pifcium , qui fpinis lateralibus etiam videban-
tur carere , me impulit , ut Paulo Bocconio epiftolam da-
rem raptim confcriptam , ut fua me adjuvaret opera, ad com-
parandas nonnullas gloffopetras , nec non res varias , quæ a
Melitenfibus mineris effodiuntur . Ille autem te movit , im-
pulitque , ut ad me epiftolam fcriberes , doctrina , ac eruditione refertam , cui nunc refpondens prius a te inquiram
oportet nonnulla , ut poffim deinde fine ulla interruptione
fermonis meam opinionem patefacere . Poftulo itaque , ut
velis concedere , Melitenfem infulam poft Mundi creationem
efformatam . Et ne putes Melitam injuria affici ab illis , qui
ejufdem infulæ gloffopetras effe animantium partes confractas
putant , quafi ejufdem vetuftatem in dubium revocantes; ego
enim , quamvis eam multas poft alias infulas , fecundum P.
Kircherium aliofve , conflatam reputem , inter cæteras infulas illuftriorem eam effe fateor .

Vellem fecundo pro certis haberi eas rerum mutationes,
quæ accidiffe narrantur a facris , & prophanis fcriptoribus ,
per plurimas fcilicet , præcipuas , fubitafque alluviones (uni-
verfalem enim cataclyfmum omnes profecto credunt) quamvis adhuc in comperto non fit , utrum per Oceani irruptio-
nem , an per fubæquoreos afflatus , aliamve propriorem caufam hæc facta fint , eo magis quia illas inficiari minime effet rationi confentaneum , & hoc , ficuti poftulo , mihi conceffo adfirmare poffe videor id , quod nulli penitus intelle-
ctui repugnat , irrumpentibus aquis , varias , ac propemodum innumeras res permixtim confluxiffe nunc huc , nunc illuc ab aquarum impetu exagitatas .

Vellem tertio , oculis noftris plus tribui , quam fpecu-
lationi , utpote inftrumentis minus obnoxiis erroribus , &
quod

quod Philofophia tantifper fileat , quando agitur de infpectione , non autem de fpeculatione ; nam in epiftola mihi nuper a te miffa hæc habentur : *Quod fi quis obstinato animo*
velit contendere , non poſſe hæc ſaxa variis prædita anima-
lium figuris , vel coclearum , oſſium , dentium &c. ita eſſor-
mata fuiſſe , niſi quia talia prius re vera fuerint , oportet ,
ut me quoque doceat , cur nonnullæ formæ appareant , ſane
admirabiles in aliquibus animantibus , atque plantis vel pi-
ſtæ , vel ſculptæ . Quid Luna dichotoma in humero dextro
pantheræ , quid ſibi volunt notæ muſicæ in quibuſdam con-
chiliis ? Itaque poſtulo , ut poſsim ſecundum meum ſenſum
diſſerere circa gloſſopetras Melitæ , eas ſcilicet eſſe variorum animantium fruſta , quam vis neſciam ex qua nam Cœ-
lorum parte , dimidiata nigraque Luna ſuper pantheræ dex-
terum humerum ceciderit , nec a quo muſicæ magiſtro ſuper prædicti conchylii ſuperficie fuerint rithmorum notæ con-
ſcriptæ .

Poſtulo quarto , ut ſermo habeatur de illis tantum rebus , quas ego vidi , & quas videndi adhuc nobis datur facultas . Nam quum in variis Muſeis multa macularum genera
conſpexerim in gemmis , lapidibuſque non veris , ſed pictura repræſentatis , quæ maxime miranda forent non eis integram fidem adhibui , neque iis , quæ a variis auctoribus nimium picturis hujuſmodi credentibus ſcripta ſunt . Putavi
e im has maculas minime veras eſſe , ſed ex imaginatione
intuentis effictas , ut uſuvenit in rudi , atque antiquo parie-
te , vel in quibuſdam nubibus , ubi poſſumus humanas figuras , animalia , & ſexcenta alia his fimilia , quaſi ea videre-
mus , animo nobis eſſormare ; & quamvis nonnullam cum his
rebus fimilitudinem maculæ illæ præſeferant , ſtultum ſane
foret ad firmare ea lineamenta habere , quæ omnino conve-
niunt iis rebus , quas repræſentari in mente noſtra concipi-
mus , quum prorſus fortuito obvenerint , & determinentur
a noſtræ mentis conceptu , qui magis huic , quam illi rei
eadem lineamenta conformat . Nulla adhuc ſeſe mihi obtulit
gemma conſpicienda (quamvis , ut jam dixi , perplurimas
conſpexerim) talibus prædita maculis , ut in dubium revocari

cari poffit , naturæ an artis opus fuerit ; quidquid Cardanus
dicat de celebri fua achate Galbam Cæfarem referente ; ei
enim fidem non habeo . Fateor enim potuiffe in achate illa
reperiri maculam aliquam , quæ humanam potius fpeciem
quam arboris præfeferret, fed adeo accurate delineatum effe,
ut Galbam exprimeret , hoc inficiari non vereor .

Lepidiffimus Cicero de fimili fabula ita fcribit(ª): *Finge-
bat Carneades in Chiorum lapidicinis faxo diffiffo caput extitiffe Panifci . Credo aliquam non diffimilem figuram , fed
certe non talem , ut eam factam a Scopa diceres . Sic enim
fe profecto res habet , ut nunquam perfecte veritatem cafus
imitetur .* Sunt hæc hominis obftupefcentis imaginationes, &
ad admirationem efformati , ac in ea parte infirmi , qua debet ad examen revocare veram rerum fubftantiam . Quod
quidem erudito , ac prudenti Simoni Majolo non contigit ,
is enim de narrationibus hujufmodi portentofis ait (ᵇ): *Mihi tamen eft perfuafum prorfus arte caruiffe tot imagines ,
achatem fcio referre formas animantium , hominum quoque ,
ac rerum reliquarum omnium , fed non exacte eu redduntur .*
Loquitur inde de annulo Regis Pyrrhi , in quo Parnaffus
mons , novemque Mufæ , & Apollo cytharam tenens fpecta-
bantur , non arte , fed fponte natura ita difcurrentibus maculis , ut Mufis quoque fingulis fua aptarentur infignia : *Propterea magnam artificis partem acceffiffe exiftimandum eft ,
qui alibi minuens: alibi augens , quæ fpectanda effent ,
eximiè elaborarit .* Multo ab hinc tempore hæc legens credidi , quæ Majolus , & fic fortaffe erit , hujufmodi fabu-
lam ab aliquo errore fumpfiffe initium , ac illam celeberrimi
Regis achatem , arte potius , quam natura tantum nominis
confequtam fuiffe , neque pictura feu varietate colorum in-
fignem , fed fculptura vel cælatura fuiffe præclaram , temporis autem progreffu auctorem aliquem , utpotè infcium ,
quænam arti virtus ineffet , proprio marte tradidiffe a natura fuiffe delineatam . Egregius denique Cardanus , qui
multoties rerum ambages perfequitur , quæfivit , fcripfitque

C

qua-

quanam ratione contingere id potuiffet in libro *De fubtilita-*
te , in quo fæpefæpius meretur , ut illi in mentem rediga-
tur adagium illud: ne quid nimis . Hinc oritur vehemens
animi mei defiderium habendi præ manibus , & apud me
unum faltem ex illis Regulis , qui ex Saxoniæ fodinis effodiuntur, quem tu mihi offers ad oftendendum produci etiam a
terra homines lapideos . Vellem enim obfervare , utrum
diademate Cæfareo an Regali , veteri ne an more recentiori
Monarchas illos lapideos natura coronaverit , cumque aliis
fexcentis , quæ etiam contrariam fententiam confirmare poffent , fcilicet putandos effe veros petrefactos homines . Ludos igitur miffos faciamus , atque ad Melitenfes redeamus
gloffopetras , quas manibus pertractare , oculis intueri , ac
de iis etiam differere poffumus .

Cupio quinto , ne Naturæ rationes , modofque , quibus res lapidefcunt , decernamus , fexcentæ enim illi erunt
hujus operationis viæ , quas nos penitus ignoramus : & hoc
amplius , quia non poffumus omnino demonftrare in tali opere
egere Naturam fontibus lapidefcentibus, cum fatisfuperque fit
humiditas aliqua , aut fal , aut talis terræ qualitas , ac difpo-
fitio , ea prædita virtute ; & fi Joanni Danieli Majori adhærere velimus , qui diffufe , in fuo breviufculo *De ferpentibus*
petrefactis tractatu , loquitur de rebus in lapides converfis ,
credere poterimus , præditam effe Naturam fale quodam vo-
latili , quem nonnulli fpiritum appellant lapidificum , qui ob-
durat , quafi faxea omnino corpora ea reddit, in quæ irrepit .
Id quod antea excogitatum , adprobatumque fuit a Peiref-
chio homine fummi quidem ingenii ac optimæ mentis , tali
denique , ut magnus Gaffendus ejus vitam quafi bene recte-
que philofophandi typum nobis exponeret . Hoc autem dictum fit , ut videamus , rivulum illum Melitenfem non effe
certam caufam tot corporum in petras converforum .

Sexto pro conceffo vellem , res illas , quas ignoramus , & quas non confpeximus , multo plures effe quam
eæ , quas fcimus , & vidimus . Tuæ autem humanitati ad-
ftrictiffimum me profiteor ob corpora lapidefcentia infulæ
hujus ad me tranfmiffa , quum ex his magis rationabiles
men-

mentis meæ dubitationes factæ fint, ut inferius oftendam.

Defcendo nunc ad rationes illas, quæ meæ, ac nonnullorum poffunt opinioni adverfari, & primum ajunt, gloffopetras Melitæ, cæteraque hujus generis ronnifi variorum effe frufta animantium. Verumtamen relictis prius conchyliis ab Imperato *Bugardie* nuncupatis, omnibufque aliis turbinatis, quæ nullam penitus merentur animadverfionem, quum fint fimplices limi concretiones in conchis, quæ tanquam formæ his, quas cernimus, infervierunt, ficque nobis innuere non poffunt, quomodo animal in fe claudere potuerit, nihil enim aliud funt, ut dixi, quam forma fpatii ejufdem, in quo animal ipfum vivens immorabatur, non autem conchylia, aut turbines, ac etiamfi inclufus limus obdurari potuerit, verumque conchylium diffolvi mirum quidem non erit illum in fluida, ac molli arena confpicere, hæc enim externam forte corruperit fuperficiem, quin læfionem ullam intulerit hujufmodi faxis, qualia effe videmus ea, quæ Bugardias, ac Turbines vocant.

Nec me fimiliter movet immanis gloffopetrarum quantitas, quas in infula effoffas dicis: pro certo enim habeo nulla effe confideratione dignas capfulas dictis rebus refertas, fi eas comparemus cum fodinis, & mineriis infulæ, quæ circuitu continet paffuum fexagintaquinque millia, uti hæc Melitenfis, quum non poffit in admirationem inducere, neque argumentum aliquod ftatuere præfatus Mons Teftaceus Romæ, qui tertiam tantum milliarii partem circuitu fuo defcribit, & tamen non imminuitur, quamvis omnibus ædificiis peramplæ Romanæ civitatis non parvam, quinimmo magnam fui ipfius partem fuppeditaverit, & adhuc fuppeditet, idque longiffimo ab hinc tempore, ac etiam in futurum, fi neceffitas id poftulet.

Eadem ratione præteribo argumentum defumtum ex eo, quod in ifto mari nulla hujufmodi animantia reperiuntur, quorum frufta effe hæ teftæ creduntur in hac infula effoffæ; poffumus enim oculis ipfis intueri in Catariæ littore ad cujufcumque tempeftatis motum vel ex Auftrali, vel ex Orientali, vel ex ambobus vertis exortum, quot, quantaque

C 2

col-

colligantur picturata , striatave conchylia etiam ad naves
onerandas , & tamen in mari illo conchylia hujufmodi non
capiuntur , & raro omnino in iis vivum animal reperitur , aut
utraque pars conchylii fimul colligata , quod quum faepe fae-
pius accidat , aperte demonftrat ea non effe fubjacentis marini foli excrementa , fed advenientia e longinquis regionibus .

Neque vero nos debet retinere dictarum gloffopetrarum
inaequalis figura , nunquam enim eas tantum Lamiarum dentes effe exiftimavi , fed variorum , diverforumque animantium , quae quamplurimis dentibus praedita funt . Praeterea fi
cujufcumque animalis dentium ordinem attente perpendemus
videbimus in uno eodemque ore dentes omnes inter fe diver-
fos , ita ut fi quis loculum unius dentis efformaret , dentem
alium non poffet perfecte illi coaptare , quamvis oris ejufdem . Etfi vero mihi non parvi eft taedii , tibi tamen fatisfa-
cere in animo eft , nonnullos oftendendo dentes , ut intelli-
gere poffis (reliquos , ac permultos , quos ego omitto , fi
confideres) varietatem , & differentiam dentium , qui in
ore cujufdam fpeciei caniculae (*) , quae vulgo a nobis Co-
lombina five Vacca nuncupatur , a dentibus communis caniculae ; a difcrimine autem , quod in illis apparet , credo
equidem fore ut eruatur ea , quae neceffario ineft , diffimili-
tudo in caeteris animantibus non tantum aliarum fpecierum ,
fed etiam in illis ejufdem fpeciei , nam non parum quidem
in delineatione dentes canicularum , & lamiarum majoris corporis differunt a dentibus parvarum . Id vero evenire videmus in omnibus rebus naturalibus , ut , exempli gratia in humano vultu contingit ; omnes enim eadem fpecie conftituti ,
fed in vultus forma fumus prorfus differentes , quin immo aeta-
te progrediente nos a nobis penitus immutati videmur . Idem
prorfus dico de caeteris animantibus , ac etiam de iis fructi-
bus , qui ab eadem arbore legerentur , quia immo idem
omnino adfirmare non dubito evenire in uno eodemque uvae
racemo , ab experimento fatis edoctus ; mihi enim quum aliquando oporteret eos coloribus delineare , cujufcumque acini

---

a *Tab.* 1. 4.

ni feparatim lineamenta pingere cogebar . Quid mirum igitur fi in ferie dentium variorum pifcium diverfitas dignofcatur ? Sunt corpora naturalia adaucta fecundum humoris inditam fibi menfuram , aut in qualitate diverfam , cum propemodum innumeris etiam accidentibus . Addam infuper ei ,
qui antiquorum numifmatum peritia pollet , compertum effe,
maxima difficultate duo tantum inveniri numifmata ejufdem
Imperatoris , impreffionis , ac temporis ejufdem , eodem
prælo percuffa , & tamen credendum eft non unum tantum ,
verum plurima eodem prælo conflata fuiffe . Neque me movet fingulares tantum dentes reperiri in ifta infula , nec unquam integrum fceletum pifcis alicujus occurrere , five maxillam cum omnibus omnino dentibus in ea infixis , aut denique unum ex offibus　Natura enim in omnibus fuis operibus
optima magiftra pifcium fceletum minoris , leviorifque confiftentiæ efformavit , quam cæterorum terreftrium animantium , ut eis onus imminueret , quum illi natare , ac fuper
aquas fluitare deberent , & idcirco porofa eorum offa effor-
manda erant , a lapidea dentium natura penitus diffimilia ;
fin autem hoc adduxiffe non fufficit , fufficiet videre in fe-
pulcretis tractu temporis humana offa , non autem dentes
diffolvi , id quod meam plane confirmat fententiam . Addam præterea , falem , aut aliud quodcumque fit , terræ huic
inditum neque duriffimis dentibus peperciffe , quum nonnulli apud me fint quafi excocti . Apparent quoque innumera
offa non foluta , verum etiam folida , ex illis tamen , quæ
fecundam inter animalium offa fortiuntur qualitatem , quod
evidentiam oftendit , cætera fuiffe corruptione foluta . quod
forent porofa , & infirma ; uti revera in illis tofis quamplurima videmus excocta , & corrupta . Id vero generatim pro-
latum fit . Quod fi quis defideret infuper aliquam intueri lamiæ five caniculæ , fimiliumque animalium maxillam lapidefcentem cum dentibus illis infixis , ingenue fatebor defiderium hoc excedere communem Divini Opificis modum in
conftructione hujufmodi animalium , nam talis fpeciei Pifces
non habent dentes in offibus maxillaribus adeo firmiter inhæ-
rentes , ut cæteri , fed divifim extra offa ordinatos , id
quod

quod perdiligenter scrutatus sum . Lamiæ , caniculæ , &
sexcenta alia animalia , quæ ita os constructum habent , innumeris ferme dentibus prædita sunt , ita ut difficile multum , ne impossibile dicam , mihi sit eorum statuere numerum , quum in minoribus pauciores , in grandioribus perplures conspexerim , sed in omnibus plurimos membrana
quadam circumvolutos , quæ eos in quodam , ut ita dicam ,
alveolo ossis maxillaris in anteriorum partem occludit .
Eorumdem dentium pars tenerrima est , ac quasi carnea ,
pars aliquantulum durior , quæ nerveam qualitatem quasi
præsefert ; eorum vero non pauci apicem ferme obduratum ,
alii cortices solide consistentes habent , interius vero molles
humoreque perfusi , & taliter , ut in eis evellendis nudus
cortex , ac sola dentis figura multoties remaneat ; reliqui
autem quamplures obduratæ substantiæ , eoque fortiores , ac
terrifici sunt , quo magis ab ore emergunt , ut egomet
comperi . Ita ut in hujuscemodi bestiis præter dentes , qui
primo intuitu in propria serie conspiciuntur , promptuarium ,
ut ita dicam , dentium asservetur , qui , uti mea fert opinio , tractu temporis prodeunt , seriem præfatam augentes,
majore hoc numero in truci earumdem ore addentes terro-
rem . Maxillaria ossa integra sunt , nec a dentium radicibus
intercepta , dentes enim dispositi sunt , ac quasi seminati
super membranam quamdam , in qua radices eorum figun-
tur , & super quam motum , & vim quamdam exercent ad
evellendum , ac corrodendum peraptam instar pectinis ad
lanas comendas inservientis . Ex partium ergo constructione
evenit lamiæ similiumque animalium maxillam cum omnibus
dentibus non reperiri ; quum membrana motui illi cedere ac
corrumpi debuerit tanto temporis tractu in fluido limo ma-
nens , qui deinde in saxum evasit . Igitur si nobis sese offe-
rent conspiciendæ glossopetræ , dentes scilicet lamiarum , &
canicularum petrefacti , non poterimus eos ita dispositos
conspicere , quum hoc minime fieri possit . Verumtamen in
aliis marinorum animantium speciebus idem non contingit ,
quibus unus tantum apprime terrificus dentium ordo a Natura datus fuit , quod cuivis facillime ostendam , in iis enim

non

non raro hoc evenit . Quod ut videas , loci , ubi immoraris , ipfiufmet præftabit opportunitas . Et ego . quamvis a Melitenfi infula longe abfens , (a) maxillæ fruftulum poffideo tribus cum dentibus ei infixis , ficuti opportune oftendam , ut tuæ voluntati fatisfaciam .

Ne minimum quidem temporis teram in fcrutando an Melitæ infulæ terra alexipharmaca fit an non , & an eandem gloffopetræ fortiantur qualitatem , ne in meffem alienam falcem ponam . Tales eas effe communiter creditur , eandemque videtur fequi opinionem in fuo volumine Eques Commendatarius Abela . Hoc autem adfirmare non dubitarem , potuiffe fcilicet terram illam propriam virtutem rebus , quæ ad id funt a natura difpofitæ , conferre . Perlubenter ego meam , & fortaffe ab aliis non adhuc excogitatam fententiam patefacerem , fi tu de ea re , experimentum facturus effes , fcilicet an gloffopetris generatim eadem virtus alexipharmaca indita fit , an fcilicet tam illæ , quæ in alba , ac tenui terra reperiuntur , quam cæteræ , quæ e duriore , & arenofo limo effodiuntur , five non e molli , aut odora terra , fed e lapillorum , five craffiorum arenarum coagmentatione , in quibus gloffopetræ ipfæ vifuntur fæpe fæpius conglutinatæ , & nunc opinarer illas , quæ e molli terra effodiuntur alexipharmaca virtute maxime præditas effe , cæteras vero aut parva , aut omnino nulla . Tacitus prætereo , ne tibi moleftiam inferam , foffilia atque unicornia , cornua Animonis , elephantum dentes , vel alia quævis offa , nec ad examen revocabo , utrum hæc omnia magni æftimentur , quia petrefacta , aut quia temporis lapfu fub terram excocta , ac comminuta , inde demum alexipharmacam contraxerint virtutem . Sed hucufque de aliorum arte dixiffe fufficiat . Breviter vero perpendam difficultatem , quam in tua epiftola proponis his verbis : *Quid dicemus de gloffopetris Galliæ , & Germaniæ ? An quod in locis , ubi effodiuntur , cum in Melita , tum alibi , inveniatur genus quoddam malthæ , aut boli , quod terræ Lemniæ virtute præditum fit ?*
Pof-

---

a *Tab.* XII. *Fig.* 1.

Posset utique affirmari non tantum glossopetras , sed ossa ,
vertebras , aliasque innumeras res simul unitas in maltha reperiri , nec verum esse nil aliud , in ea , quam glossopetras inesse . Præterea ego non vidi in uno , eodemque bo-
lo glossopetras semper conclusas ; servo enim apud me
nonnullas in mediis quibusdam arenulis , quæ lapidem
quemdam efformant admodum durum , qui minime malthæ
specimen habet , nonnullas alias vero in arenis crassioribus
conglutinatas . Verumtamen existimo , eas , quæ in maltha oriuntur esse magis speciosas elegantes , & integras , &
hanc ob causam selectas , collectasque a fossoribus , ac
etiam fortassis , quia majore præditæ sunt virtute , minus
enim a vero abhorret eas in maltha servatas fuisse , ac , si
ita res habet , in ea magis , quam alibi vim illam fuisse
adeptas , quam id concipere tanquam naturæ miraculum ,
ac glossopetrarum generationem ossiumque , & vertebrarum fractarum productionem tribuere ipsi malthæ , nam id
minime omnino fieri posse ostendam .

Nec me etiam suadet rerum varietas ex hac insula
effossarum , quæ cæteris rebus maris , terræque assimilari
non possunt , certum enim est , nos omnia animantium
membra singillatim non inspexisse . Nec valet dicere :
Res hæc cui assimiletur , penitus ignoro , ergo eam
terra produxit ; potest enim reperiri aliquid simillimum ,
immo , & ejusdem naturæ , quod tamen nobis adhuc non
pateat . Quod vero ad insuetam spectat magnitudinem ,
ad quam sæpe sæpius glossopetra aliqua pervenit , ut æqua-
lis sit manui hominis , nihil me movet , quia istæ rariores
sunt , sicut ipse tu ais , cæteris mediocribus , & parvis ,
quæ frequentes innumeræque effodiuntur , sicut passim par
est , ac rationi consonum , in minore quantitate animalia
pergrandia in mari reperiri , quibus præ mediocribus , &
parvis paucissimi sunt crassiores dentes . De lapillis autem ,
qui vulgo serpentium oculi , aut de iis , qui illis similes
sunt , ingenue fatebor , me nolle omnia penitus negare ,
imo mecum ipse decrevi libenter concedere id , quod
eodem omnino modo , quo alii adfirmabant , inficiari poteram,

tetam , fed cafus diligenti , ac follicita cura exquifitus
viam aperuit dubitandi de unaquaque hujufmodi re , quæ
in terræ vifceribus creditur ortum habuiffe ; evidens enim
eft error , lapillos , vulgo ferpentium oculos nuncupatos ,
pro gemnis , ac lapidibus ita a Natura in ifta infula con-
figuratis habere . Nec fufficit , quod fcribis : *Quod ad
petras , quæ ferpentium oculi appellantur , nefcio , cui
rei eas adfimilare poffet , qui in eam fententiam iret , ut
crederet lapillos omnes , qui ex his rupibus effodiuntur ,
animalia olim fuiffe , feu eorum partes lapidefcentes .*
Omnia enim fcire non potes , ac forte primum mihi contigit , animadvertiffe quæ tibi fatisfaciant . Lapilli igitur
ferpentium oculi nuncupati nil aliud funt , quam veri pifcium dentes . Referam id , quod obfervavi , & fi penitus hanc menti tuæ opinionem non fuadeam , in dubium
faltem revocabo illud , quod antea de his credidifti . Prius
igitur dicam hujufmodi lapillorum fimul cum gloffopetris
magnam in Siciliæ partibus inveniri quantitatem , & præcipue Corleoni : Ex hoc intelligendum eft , ferpentium
oculos non in Melitæ infula tantum produci quafi portentum
quoddam , aut quafi ob præcipuam puræ , & alexipharma-
cæ terræ virtutem . Hoc autem dico , quia apud me quamplures funt ex illis Corleonis involuti in folido quodam to-
fo , fed arenofo , & impuro , quinimmo maleolente ,
quia ipfis nonnullæ gloffopetræ , & fœda corpora plurima
cafu adhærefcunt , qua de caufa iidem , quamvis ftructura
fimillimi , ita lucidi , & colorati non funt , ac illi in Melita effoffi , fed cinericii , nigri , & frequenter maculati .
Colorum parum refert varietas , tam enim illi , quam ifti
funt vere dentes pifcium Sargi , Auratæ , aliorumque ,
quorum fpecies præter primos dentes , qui ad oris extremi-
tatem terminant , quammaxima fuerunt a Natura donatæ
dentium copia perbelle ordinatorum , ac in eodem ore tam
in fuperiore, quam inferiore parte infixorum . Figura illorum
cum lapidefcentibus omnino convenit quacumque ex parte , ficuti ab omnibus propriis oculis cerni poteft . Verumtamen non prætermittam , nonnullas eorum maxillas carne

D   de-

detracta oculis ipfis confpiciendas fubjicere , ut eorum dentes comparemus cum lapidefcentibus , quos inferius delineatos exhibebo , (a) quos mihi multorum amicorum in
Melitæ infula commorantium cura colligere datum eft , idque non tantum ad meæ fententiæ confirmationem , fed
etiam ut cuicumque delineamentis hujufmodi præbere poffim commoditatem ad partium identitatem comparandam ,
ex qua deinde veritatem , quam oftendendam fumfi , facilius valeant percipere , eos ſcilicet lapillos vulgo ſerpen-
tium oculos nuncupatos fuiffe quondam dentes , ac partes
oris Sargi , Auratæ , & fimilium pifcium , qui & numero , & varietate quamplurimi per maria omnia innatant ,
& capiuntur

    Et quia tibi omnia animi mei dubia me communicatu-
rum pollicitus fum , fatebor , quod fi unquam aliqua fui
difficultate ad dubitandum impulfus , id evénit præcipue ob
quandam narrationem a graviffimo viro , quo familiariter
utor , omni officio , ac dilectione digniffimo , ad me mif-
fam . Hic quidem tali profequendus eft obfequio , ut ple-
niffime me poffit vel auctoritate fua frangere , ac nifi animum obfirmaffem meum , ne ullius unquam dictis ftarem ,
nec verbis alienis acquiefcerem , quæ rationibus carerent ,
huic uni fidem præftarem . Huic accedit , & aliud argumentum mihi inter loquendum communicatum a viro doctiffimo
tantaque intellectus perfpicuitate prædito , ut jure & meri-
to , ut Sol inter Planetas , ita & ipfe in philofophica facul-
tate eluceat . Horum primus me per epiftolam reddidit certiorem in cujufdam humani corporis incifione auricolam cor-
dis finiftram a polypo circumdatam repertam fuiffe , & in ea
parvam cochleam : addit infuper , in alterius corporis re-
nibus fuccenturiatis alio tempore compertas fuiffe alias duas ;
ac fimiliter Florentiæ in cujufdam pauperculi vefica aliam
omnino fimilem , quibus adductus rationibus putat , non
debere prorfus illorum rejici opinionem , qui in omni loco
produci poffe tales teftas autumant . Alter vero hanc conje-
ctu-

---

a *Tab. II. Fig.* 1. 2. 3. & 4.

&turam propofuit confiderandam; res illas, ait, quas nos
in terræ vifceribus; conclufas intra rupes reperimus, ubi
reputandum fit jampridem æquoreas fuiffe, certum una eft,
ac neceffario concedendum a maris undis tempeftate aliqua
exagitatis illuc translatas fuiffe. Quod fi ita fe res habet,
cur igitur hæc corpora corrofa, deformata, abrafa, & at-
trita ab aliis corporibus non apparent, quum diu antequam
ad quietis locum pervenirent inter fe colluctaffe neceffe fit;
immo quid illa perpolita, & integra infpicimus? ergo multum verifimilis eft opinio, quæ decernit omnia in eo loco,
in quo inveniuntur, produci. Magni quidem momenti hæ
funt difficultates, non tanti vero ut innumeræ, evidentef-
que rationes, quæ contrarium evincunt, ut modo oftendam.

Citius ergo, quam fieri poteft, primæ objectioni fa-
tisfaciamus, ut diutius in fecunda immoremur. Dico igitur gloffopetras fcilicet lamiarum, canicularum, ac fimilium animantium dentes, figura effe acuminatos, valde
duros, læviffimos, atque idcirco effugere facillime conta-
ctum alterius corporis, quod eos offendere poffet, ac fca-
bros reddere. Hoc amplius, eos ego non credo lente, ac
longo temporis tractu, e mari in flumina circumactos, fed
violento maris impetu a divina ira inflati projectos, atque a
magnis aquarum vorticibus conjectos, atque collectos, &
in magnam quantitatem cafu una cum animantibus, eorumque fceletis terræ obvolutos in ejus vifcera profundius ir-
repiffe, quum alia fimul cujufcumque generis fæce, in
quam eodem impetu offenderant. In tali rerum ftatu multo
plures reperiendi forent fracti, quam detriti, uti revera
reperiuntur, quum parvus omnino fit numerus gloffopetrarum integrarum, atque ab omni læfione immunium præ illis
quæ fractæ, & attritæ e fodinis eruuntur. Ad examen præterea revocandum eft, quænam dentis pars tempori magis
reftiterit; & ab unoquoque fana mente prædito affirmabi-
tur, corticem lævigatiffimum, durumque plus reftitiffe,
quam internam materiem, quæ fubftantiæ eft raræ, & hu-
midæ, corruptioni, & deftructioni fubjectæ, ita ut fi ad-

ver-

verſariis etiam concederetur, gloſſopetras, ſcilicet dentes
ipſos modo huc modo illuc attritos fuiſſe; nulla conjectatio
fieri poſſet, quæ pro eis ſtaret, quia ipſas non invenimus
in terræ limo abraſas, atque corroſas ab illo, quem fingi-
mus, undarum motu; inficiari enim non poſſemus facile, quod reliquum erat in ipſis corporibus non potuiſſe tempus conſumere, utpote tunica illa exutum, a qua ſola poterat ſervari, & defendi illis ſolummodo parcendo dentibus, qui aut ſoluti non fuerunt jactati ab undis, aut una
cum animantibus, eorumque ſceletis translati fuerunt qui in
limo reſoluti, ac pondere compreſſi ejuſdem limi fractas
omnino, & conglutinatas inordinate partes ſuas laxaverunt.
Has autem ſtrues inconcinnas oſſium, vertebrarum, dentium, conchyliorum, turbinorum, arenarum, ſaxorum,
aliarumque pene innumerarum rerum nullo ſervato ordine
corruptas, integras, fractas in uno, eodemque cumulo
coagmentatas videmus. Perpendatur etiam ratio, quare,
ſicut alibi innui, foſſores eas colligunt gloſſopetras, & in-
telligemus aperte, illas non colligere, ut de illis philoſo-
phentur, ſed ut eas prætio vendant, hinc eſt, quod illi
non colligunt informes, & corruptas, verum integras, & per-
politas; primæ enim parvipenduntur, immo deſpiciuntur;
aliæ autem vendibiles, & a plurimis ob neſcio quam in-
trinſecam virtutem exquiſitæ ſunt. At minime in hoc immo-
randum, quum poſſim monſtrare cuicumque videndi cupido fiet, gloſſopetras detritas, corroſas, nec non corruptas, ut plurimum in radice, quæ cortice carebat, fractas
denique, & integras, omnes vero ſimillimas, quinimmo
penitus ipſiſſimas cum lamiarum, canicularum, ſimiliumque animalium dentibus. Promam etiam quamplurimas
conchas teſtaceorum e terra, & e montibus effoſſas, de
quibus idem prorſus dici, quod de dentibus non poteſt,
cum ipſæ ſint corpora levia aliquomodo ſuper aquas fluitantia, ac cuicumque etſi minimo obſecundantia impulſui,
quem aquis tribuamus, & ideo nil damni oſtendere debent, præterquam quod ab onere, & humiditate eis illa-
tum fuerit. Revera fere omnes gloſſopetræ, ſpinis exu-

tæ,

tæ , & in articulis laxatæ , ac denique oppreſſæ conſpiciuntur , & cum earum articuli nil aliud , quam molles
membranæ ſint , facile in humido limo corrumpuntur ; quæ
omnia , quum pro me ſtent , ad aliam divergam ſolven-
dam objectionem primo loco allatam .

Mirum quidem mihi viſum eſt in humanis viſceribus teſtacea multoties gigni , & quum in dubium revocari non
poſſit hiſtoria relata ab homine quidem veraciſſimo , magis
me , ac magis in admirationem vel potius ſtuporem adducit ; verumtamen quum eam ad trutinam revocaſſem , reperi nihil noſtræ ſententiæ officere . Dupliciter rem conſi-
derandam cenſeo , ſcilicet aut nos cochleas prædictas vera
& perfecta animantia putandas exiſtimabimus , aut corpora
in ſimilitudinem earumdem teſtarum in illis humani corporis partibus producta . Quomodocumque ſe res habeat, a noſtra ſententia non eſt recedendum : nam ſi dicemus cochleas
illas perfecta eſſe animantia , extra oleas vagamur ; in
comperto enim eſt per tramites , ac canaliculos mihi , &
aliis fortaſſe ignotos , ac per varia accidentia uſque ad interna humana viſcera pervenire poſſe perplurima extranea
ſemina , quæ multoties non impedita , ne ad incrementum
eidem ſeminum ſpeciei inditum progrediantur , tantum
creſcere poſſunt , ut nobis monſtra , & portenta proferant
illis non diſſimilia , quæ ab eruditiſſimo Bartolinio referun-
tur in una ex ſuis Centuriis , in qua narrat , repertam in
humanis viſceribus fuiſſe permagnam , variamque animan-
ntium quantitatem . Hoc autem nihil ad nos attinet , ut
iam dixi . Ego enim præcipue adfirmo , eas omnes conchas,
quas in terræ viſceribus lapideſcentes reperimus , vera animalia fuiſſe . An vero illa in mari producta , an illuc tran-
ſlata fuerint , aliud eſt problema , cujus ſolutio , ut jam
dixi ſuperius , a diligenti obſervatione locorum , ubi inveniuntur , pendet , & ab aliis pene innumeris conjecturis . Sufficit mihi modo fortuitam earum generationem op-
pugnare , qua de cauſa ad cochleas perpendendas progre-
diar , non quidem animatas , atque perfectas , ſed quaſi
lapideam configurationem in locis ſuperius enarratis , ſive

alibi

alibi acquiſiverint . Quaternarium ipſæ numerum non excedunt , omnes parvæ , ac turbinatæ ſunt , hinc arguo facili
negotio caſum partem habere potuiſſe in eis conflandis ,
aliaſque innumeras ſimillimæ configurationis exhibendis .
Ego equidem non ſum ſatis edoctus de minimis particulis ,
ac de tota ſubſtantia , ex qua hominis corpus conflatur ,
nec bene admodum huc uſque percepi omnes ejus affe-
ctiones , ita ut aperte de ejus conſtitutione poſſim de-
cernere . Satis ſuperque ab ejus ſuperficiei conſidera-
tione detineor , ac munere meo fungi viſus ſum , ſi illud
aliquando integumentis detractis ad examen revocaverim ,
ut ſingillatim perpenderem neceſſarios ejus motus , ſen-
ſus , aliaque id genus , quæ in tabularum lineamentis ex-
primi debent , nihilotamen minus opinionem expromam
meam circa ejuſdem eſſentiam ea ratione , qua potero , ut
ſaltem intelligar .

Igitur corpora membranoſa , ut patet cuicumque ,
etiam minimo calore facili quidem negotio turbinantur ,
criſpantur , ac in ſe ipſa contrahuntur . Idem prorſus contingere autumarem in aliqua noſtri corporis parte membra-
nis , ac humoribus ſalinis , & colliquatis , gypſeiſque referta , ſi enim magis , magiſque membranæ exiccentur , &
areſcant facili negotio corrugantur , eademque facilitate
una cum humoribus ipſis ad ſaxeæ ſubſtantiæ ſimilitudinem
reducuntur atque ita conflata mentem noſtram ad incitas redigunt . Ego tamen paucis me expediam dicens , quod ,
cum hæ omnes ſint parvæ cochleæ , a re prorſus alienum non
erit talis conflationis cauſam fuiſſe eam a me excogitatam ,
aut aliam veriorem , nunquam tamen naturæ ludum , ut
adverſariorum verbis utar , quod tantum , ac tam diver-
ſum corporum numerum , marinis omnino ſimilium in rupibus , ac in montibus efformaverit . Non enim facile indu-
cor , ut credam , in præfatis parvis admodum cochleis
æqualem , ac quaſi eamdem figuram ineſſe , quam in turbinum teſta , aut maris cochlea conſpicimus . Quod ſi eadem
natura ludificans , quæ cætera corpora produxit , ipſarum
cochlearum origo fuiſſet , omni procul dubio eadem penitus

tus ratione ludens in illius hominis vefica , contra id quod egit in reliquis partibus , produxiffet aut bina oftrea , aut femicancrum , aut caniculæ maxillam , aut denique pifcem aliquem ; locus enim hæc omnia poterat optime continere . Proh Deus immortalis ! Eft ne ejufdem ponderis hæc conclufio : In hominis cujufdam corde repertum eft corpus faxeum cochleæ perfimile , ergo hiftrices , echini , vertebræ cetorum , pifces , conchæ , conchylia , turbines , coralia in modum ftellarum , vel fiftulofa , vel nudofa , cancri quoque , dentes variarum figurarum , omnia tamen marinis rebus fimillima generata funt in rupibus , & in montibus inanima , cæcaque natura ludente , ac eft conclufio alia fic deducta : Tot , tantaque marina corpora lapidefcentia , quæ intra terram cernuntur , animata profecto fuerunt ; ea vero parva tefta , vel corpus illud ad formam teftæ , feu cochleæ formatum in cujufdam hominis corde fuit ne cafu ludente concretum ? Hæc conclufio admodum evidens eft , illa autem ab recta ratione abhorrens , & ut ait Cicero : *Sus roftro , fi humi A litteram imprefferit ,* (ª) *num propterea fufpicari poteris Andromacam Ennii ab eo poffe defcribi ?* negabit profecto , qui nullis anticipationibus occupatus fuerit

Faceffant modo , quæ nunc mihi mentem fubeunt , eorum nugæ , qui leviffimas fane afferunt obfervationes parvarum concharum , ac turbinum non omnino folidorum , nec non concharum majoris molis , fed adec in uno latere mollium , ut unguibus ipfis poffent incidi ; in alio autem apprime folidarum , ac lapidefcentium , quafi paulatim obdurefcerent , ac lapidefcerent , poftquam omnino excreverint ; ex qua vana differendi ratione deducunt , quod aliquod reperiendum foret animal in tefta , fi talis productio effet opus omnino loci illius , ubi hæc corpora reperiuntur . Et quamvis fatis fuperque effet in medium proferre Francifci Calceolarii verba , qui ex celebris Fracaftorii fententia refpondet : (ᵇ) *Caufa eft , quod caro , quæ mollis ex fe erat,*

&

---

a. *Cic. de divinat. l. 1.*   b. *Mufæum Calceol. fect. 30.*

& contrahi nata , *multa terra circumtecta* , *mox in lapi-*
dem coivit ; quæ huic dubietati satisfacere deberent ; placet nihilominus curioforum infpectioni , oculorum ope ,
hanc quæftionem folvendam relinquere . Lapidem quemdam folidiffimum cuicumque oftendere poffum variis conchyliis , turbinibus , pectinibus , ac fimilibus corporibus conflatum , inter quæ multa conchylia patenter infpiciendum
præbent proprium animal cum omnibus fuis on nino partibus , id autem factum eft , quia fortuito accidit , ut in ea
corporum inordinata coitione conchylia bene præcluderentur
omni penitus limi commixtione prohibita , qui eorum mol-
lem , ac teneram corrupiffet fubftantiam , quapropter animalis , & ejus partium forma , ac configuratio fervata eft
Id vero non eft difficile vifu , cum in variis lapidibus fæpefæpius idem prorfus confpexerim . Quare aut perverfæ , aut
ftolidæ mentis eft fuperius allatum argumentum proferre ;
in mari enim etiam parvorum conchyliorum fpecies reperiuntur , nec non prægrandis magnitudinis , quæ tamen te-
nuiffima funt , adeoque tenera , & mollia , ut facili negotio corruptioni potius , & concremationi fubjaceant , cum
humi latent , quam in lapidem converti poffint . Idem
prorfus evenit non raro in folidiffimis turbinibus , conchis ,
echinis , & dentibus , qui in multis horum montium locis
vifuntur lapidefcentes , etiam ii , qui modicæ funt magnitudinis , aut integri , aut in fruftra confracti prout impulfio-
nes , preffionefque cafus difpofuit . Idem propemodum in-
difcriminatim in aliis locis contingere dignofcetur , ac in
quocumque corrupto corpore , & a gypfo , & calce non
abfimili , ob loci falinum , & corrodentem humorem . Vidi tamen formas ab hifce turbinibus , conchis , echinis &c.
diffolutis , aut adhuc teneris productas in petram duriffimam
converti , ac taliter perdurare , ex quo luculenter apparet , ftultum effe opinari , caufam , quæ in fe habet vim
lapidefcentem , producere prius ex duro lapide concavam
formam , & inde teftarum heteroclitam efformationem dif-
ponere , ut fimul paulatim fortaffis concrefcant , ne aliquis
in figuræ productione error irrepat , ac prius in una , in
alia

alia deinde parte perficiantur , ut major appareat *in hac re* diligentia .

Minoris , atque adeo nihili æstimandum est exemplum dactylorum marinorum , seu eos appellare velimus cappas longas secundum Goropium aliosque , quod exemplum proferunt multi , nescio an curiosos investigatores , an veritatis osores illos appellem , veritatis dico , quam per objecta sensibilia nobis natura patefacit , nam quum possent propriis oculis intueri meatum seu foramen illud , per quod animal in saxum irrepit , hoc prætermiserunt , ac fortassis data opera , ut possent propriam retinere sententiam .

Nihilo tamen minus unicuique quamvis vili piscatori id magis clariusque patet , quam tot , tantisque philosophis , quum enim mihi multoties contigerit illos piscatum mittere, recordor , solitum piscatorem , antequam molem e rupe abscissam divideret , quantitatem numerare dactylorum e lapide eruendorum . Quare quum omnia animadvertissem omni , qua semper usus sum , diligentia , illum ex quibusdam externis foraminibus id percipere cognovi , atque ut possem plenius mihi satisfacere , malleo illis lapidibus confractis foramen , quod ad animalis centrum terminabat , comperi , quod inspiciendum præbui viro cuidam optimo quidem , & eruditissimo non sine illius admiratione , qui se jam ad id speculandum comparabat , cum de re hujusmodi perverse doctus fuisset . Multo post tempore perlubenter persensi , idem prorsus contigisse perdiligentissimo viro Fabio Columnæ , qui scribit : (a) *In spondilorum testis observavimus externa parte , intra quandam cavitatem vix foraminulo apparente* . Ideoque affirmo historiæ hujus ignorationem aut a modica , & non accurata lectione , aut ab incuriosa , obdurata , & pervicaci mente oriri . Verumtamen etiamsi in lapidis centro gigneretur , & concresceret , poterimus ne ex hoc inferre ac statuere generationem alicujus partis , aut testæ , aut dentis , aut vertebræ animalis , aut cujuscumque alterius rei integræ non animatæ ; hoc nimium

E

mium

a *Fab. Col. de glossop. dissert.*

mium utique foret . Id omne penitus planum facient nonnulla laudati auctoris verba , qui uno , eodemque tempore adverſariorum rutilitatem oſtendet , argumentum ad
meam ſententiam confirmandam præbebit , & patefaciet illorum inſaniam ; qui teſtaceorum inanimatorum generationem in montibus , & in ſaxis aſſerere conati ſunt : (ᵃ)
Unquam in ſaxo quo vixit (loquitur de dactylo , de quo
eſt ſermo) *& periit ſuæ formæ ſignum , vel ſtriam ali-*
quam , aut lineam reliquiſſe eſt obſervatum , cum nec po-
tuerit , proptereaquod teſta creſcens exſtrema parte , qua
hiat , tenerior eſt reliqua in omnibus teſtaceis , nec poſſet
vim ſaxo , & non ſibi ipſi inferre , ut impreſſio fieret ſaxo .
Nec etiam in dictis cavernulis dimidia teſta , vel pars il-
lius , aut fragmentum ſponte ortum fuit repertum , nec
etiam ipſa teſta integra , quæ per compreſſionem ſaxi ri-
mam , aut fracturæ ſignum paſſa ſit : ſicuti in montibus ,
& aliis locis extra mare reperiuntur ferè omnes , ut vix
paucæ integræ poſſint reperiri . Nos quidem non modo na-
turalium rerum ignarum , ſed inſanum putamus , qui fru-
ſtulum , aut dimidiam teſtam vel integram ſponte editam
eadem magnitudine ab initio , vel alio modo intra ſaxa ſic
genita aſſeruerit , quæ etiam adeo cohærente ſaxo reperta
ſit ut reperiuntur in ſaxis , quæ vix eximi poſſit , & non
integra & exempta impreſſionem ſui relinquat , tanquam
cuneum ejuſdem . Eſt igitur neceſſe fateri non in limo turbines , conchylia , cæteraque ſimilia producta fuiſſe , ſed
in loca illa , in quibus reperiuntur , fuiſſe jactata , col-
lecta , & ſimul conglomerata cum limo , qui antequam la-
pideſceret , configurationem eorum corporum , eorumque
partium in ſe recepit .

Dico demum , fallaciam eſſe evidentiſſimam , quæ
nobis opponitur , innixam illi experimento , reperiri ſcilicet quandoque conchylium aliquod non tantum corpore te-
nerum , ſed etiam adeo tunicatum , ut poſſint ab eo evelli
ſuperficies quamplurimæ , quaſi forma illa ex accidentali
ma-

---

a *Loc. Sup. cit.*

materiei concurfu conflata fuiffet, quæ modo unam, modo aliam fuperinduxerit fuperficiem, ut admiraremur produ- &ionem hanc adeo elegantem, ac perpolitam, & pure la- pideam. Fallacia eft inquam omnino abfona, nam neceffe eft concedere prius exiftentiam cujufdam faxei corporis per- fecte conflatam fecundum illam formam, cui cohærere tot illæ laminæ potuiffent, ut deinde ea, quam ftatuere cona- mur, configuratio produci poffet. Fuerunt ergo conchylia illa animata quondam in aquis, nunc vero corrupta, tem- poris fane, non naturæ lufus; & id, quod nunc retinet fubftantiam duriffimi lapidis, molle quondam lutum fuit (ficuti iterum atque iterum demonftravi) quod configura- tionem conchyliorum induit. Quicunque gnarus erit in perfpiciendis, ac diligenter enucleandis corporibus recen- ter mari eductis, cognofcet eorum conftructionem ex fub- tiliffimis, tenuiffimifque tunicis, feu laminis conftare, una alteri fuperpofita, & ita minime mirabitur, eundem penitus ordinem infpici in cæteris femicorruptis, & con- crematis, quæ illum ad evidentiam oftendere debent, quia rarefactæ, eoque carentes humore, cujus erat tunicas il- las arctiffimo quodam vinculo nectere

Refpondere igitur incipiam illi argumento, quod ad- ducis de gloffopetrarum quantitate, quæ in diverfis Mundi locis colliguntur, fcilicet in Delphinatu, in Aquitania, feu Guienna, & Daventriæ, & quod magis facit ad rem, in Melitenfi infula, & in Gaulo, ftatuendo primum animalia tantum terreftria, & volatilia in univerfali cataclifmo in- teriiffe, quapropter a veritate abhorret, quod pifces lamiæ mortui fint, ac numero tam immani, qui poftea folis den- tibus adeo diftantes Mundi partes implere potuerint. Addis præterea aliam confideratione digniffimam obfervationem, hoc eft, circa Melitæ infulam, fcilicet in littoribus ei pro- ximis, ne unum quidem ex his dentibus inveniri. Dico igitur facrorum opiniones Doctorum varias effe in ratione ftatuenda, qua Deus Optimus Maximus ufus fuit ad Mundi demerfionem, quum enim diluvii aquæ altiffin orum verti- ces montium quindecim cubitis excefferint, ex hoc fequitur

men-

menfuram permaximi ambitus aquarum , globum terreftrem circumdantis , ipfum globum multoties fuperaffe ; ideoque ab eis perquiritur , ex quo nam loco aquæ illæ inundantes defcenderint , aut derivaverint , & quo in earumdem imminutione aptum potuerint alveum reperire , ubi in fententiam eamus Oleaftri , atque Eugubini , qui a Firmamento eas effluxiffe contendunt   Verum Cornelius a Lapide perpendens immanem aquarum quantitatem , qua ad mundum demergendum opus omnino erat , ftatuit eas fermentatas , alteratafque fuiffe a Divina ira ; quæ ipfis immifcuit aerem , atque etiam terram , & ita metitur prægrandem illam extenfionem aquarum , illis immifcendo eas etiam Cœli , Firmamenti , atque Abyffus . Hoc quomodo contigerit , ignoro . Si autem tam celebris Doctoris fententia tibi arriferit , dici poffet , facili negotio partem maximam pifcium , fi non omnes , interiiffe , utpote qui non affueti illarum generi aquarum , nec cruditati , qua illos tot cadavera demerfa , ab eifque comefa fortaffis affecerint , & fœda illa colluvies in eafdem aquas immiffa . Quod fi his fidem non habes , potius igitur dicam , me non autumare lamias omnes , five omnes pifces uno eodemque tempore interiiffe , neque omnes lamiarum dentes fuiffe , fed variorum fpecie animalium , quæ per mare innumera innatant , quorum ora inexplicabili prorfus , ac admodum varia dentium quantitate natura ditavit .

Certum quidem eft, quod fi hæc fincero animo advertiffes, tibi perfuafum effet , paucis animantibus opus fuiffe , ut gloffopetris perplures infulæ , non tantum hæc Melitenfis , complerentur . Præterea res omnes , quæ e terra , & ex tofis Melitæ effodiuntur , funt , ficuti in hujus noftræ opellæ progreffu videbitur , fpecie penitus innumeræ ; quare mirari non deberemus , quotiefcumque nobis occurrant tot gloffopetræ , fcilicet dentes ejus generis , quod diximus , conchylia , echini , vertebræ , aliique lapilli , hæc enim omnia , ut in uno tantum animali abunde reperiuntur , aut talis funt fpeciei , ut ipfas maris arenas longe fuperent . Addatur infuper , Mundum multis ab hinc fæculis jam confti-
tutum

tutum effe . Auctores multas aquarum inundationes memorant . Melitenfem autem infulam a Deo in univerfali rerum productione , creatam fuiffe , eo modo , quo nunc fe habet (ficuti autumare videtur Kircherius) ego non puto , at primum non multum fuper aquas emerfiffe : dein vero creviffe in elegantem illam , qua nunc apparet , formam . Exiftimo etiam immunditias maris plures alias , immo innumeras eodem modo infulas efformaffe , limi fuperaddita infinita propemodum mole , quo mare fcatet , quod non caret graviffimorum auctorum teftimonio . Per hoc autem plene non folveretur argumentum defumptum ex eo , quod gloffopetræ in Melitenfi tantum infula , non autem in vicinis littoribus reperiuntur , quæ quidem difficultas mihimet ipfi fucum fecit , quum præfatum montem ftriatorum conchyliorum plenum in Muforrima profpicerem , mirandum enim fane mihi vifum eft, nullam penitus in ejus circuitu, qui Melitæ ambitum fuperat , inveniri . Idem mihi prorfus evenit quum fimul conglomeratas viderem in omnibus fere noftris collibus admodum elatis æquoreorum animalium teftas, quas appellamus fuinos , caprinofque pedes, conchylia, cochleas , turbines , bacillos , aliaque innumera , ut videre potes , longe a mari trium milliariorum fpatio fuper montem , & præfertim in calle , qui ad Beatæ Virginis Boni itineris nuncupatæ ducit ; fed quantum videre datum eft in præfata rerum collectione , plurium aliarum rerum mixtionem femper detexi , majorem vero partem ejufdem fpeciei . Quare exiftimo non cafum tantum , fed figurarum qualitatem id , de quo miramur , operari potuiffe ; potuit enim cafus locum efformare dum nimiæ aquæ agerent vortices , & conchylii figura , aut cujufcumque alius rei potuit earum impetum , vel unionem obfecundare . Et ut clarius meam mentem aperiam , fi in cumulo quodam aquarum , ubi multa adfint impedimenta , ex quibus varii poffint oriri vortices , quando aquæ illæ exagitantur , nonnulla ova , feu eorum cortices , paleas , conchylia , lapillos , aliafque diverfas res varia configuratione præditas ponemus , credo aquas illas inconcinne , ac violenter exagitatas , & impedimentis

irre-

irretitas in se ipsas pluribus in locis circumvolvi , & procul dubio in puncto quietis atque in centro motus deponere (saltem in magna quantitate) varias res illas , quæ in ipsis aquis natabant secundum earum configurationem ; quinimmo res illæ non tantum ab aquarum vorticibus colligentur , atque unientur , sed etiam modo huc , modo illuc data opera , ac secundum casus exigentiam , qui in variis propemodum locis vortices illos efformavit , relinquentur . Idem prorsus affirmarem de quacumque simili re etiam maxima . Animum ad hoc advertas ; amabo te , nam ego in præsentia dicam hoc mei intellectus commentum esse , ac repente exortum , neque adhuc debitis rationibus firmatum , & interim perpendam utrum causa , cur in littoribus proximis glossopetræ non appareant , sit terrarum varietas , quæ in Melitensi insula ad eas servandas aptissima est , contra vero in aliis littoribus , quia solutis arenis conflata , potius apta fuerit ad eas consumendas , atterendasque , temporis præcipue circumstantiis consideratis , sive quia dentes corpora sunt ponderosa , (a) quæ facile ante alia in solum desidunt , ideo super nostros montes non inveniuntur , in quibus tamen montibus res innumeræ apparent ; quæ facile , & suapte natura superfluitant sicuti istæ , quæ in Melita reperiuntur , ubi tam paucos dentes invenias . Ego enim quamvis maxima adhibita cura quinque tantum reperi dentes , quorum tres esse eorum cortices interna substantia carentes apparet , sed levi , tenuique maltha repletos , contra vero in insula ista plana , & modicæ altitudinis facile omnino est , ac parvi momenti ad eum locum devenire , super quo graviora corpora subsiderunt , quod equidem verisimile admodum mihi videtur , & fortassis hanc meam opinionem , sane non aspernendam , brevi patefaciam , quum spes mihi certa sit , fore ut horum collium radices perquirendo ostendam alicujus piscis dentes , istorum magnitudini non absimiles . Causa hujus rei interim putanda est hæc , nempe eadem , quæ conchylia striata in

Mu-

---

a　*Tab.* XIV. *fig.* 1. 2. 3. 4. 5.

Muſorrima concluſit , & conchylia , echinos , columellas ,
pedes caprinos , aliaque hujuſmodi pene innumera in collibus Meſſanenſibus , & non alibi , ſeu circa illos , & quæ
etiam in Melita , non autem in Sicilia res hujuſmodi colle-
git . Hoc autem cum inficiari nequeas , ex eo concludo ,
quod ſi Melitenſis inſulæ gloſſopetræ aliarum rerum , quæ
in Muſſorrima , & Meſſanæ ſunt , eamdem habent cauſam
effectricem , ac de his poſtremis adfirmare , quod intra
terræ viſcera , aut intra ſaxa ortum duxerint (ſicuti patebit)
ſummæ pervicaciæ foret , idem ergo de illis dicendum erit,
aut ſaltem inveſtigandum , quomodo naturæ in aliquibus locis gignendi facultas ſit , non inquam lapides marinis rebus
conformes , ſed vera animalia , ac marinorum animalium
teſtas in montibus altiſſimis .

Illud idem argumentum , quod proponitur ad ever-
tendam meam , ac aliorum opinionem , firmiorem meam
reddit , eique vires addit non modicas , varietas ſcilicet
configurationis , quæ in gloſſopetris inſpicitur . Multæ
enim ſunt ſerratæ , multæ acuminatæ , multæ lævigatæ , ac
denique perplures in modum ſagittæ , vel trigoni efformatæ .
Hoc autem evincit eas omnes lamiarum dentes non eſſe ,
ſed variorum piſcium , ut cuicumque inſpicienti patebit .
Evidenter enim intelliget non omnes gloſſopetras lamiarum
dentes fuiſſe , ſed variorum piſcium , ſive , ut melius dicam , corpora variorum animalium dentibus ſimillima .
Præterea in ore canicularum natura variæ configurationis
dentes efformavit , ſcilicet in modum ſagittæ , vel lævigatos , vel acuminatos vel etiam curvos ſicuti pluries perſpe-
xi , & ſi aliquando non poſſumus quaſdam gloſſopetras na-
turalibus piſcium dentibus comparare , id fortaſſis noſtræ
referendum erit inſcitiæ , quæ quorum nam fuerint animalium non intelligit . Si autem ſi nihil concludit gloſſopetra-
rum configuratio , minus quidem confuſus ordo earumdem ,
quo inhærente tofis , nam ſi mediocres huc , parvæ illuc ,
necnon alibi pergrandes aliquæ reperiuntur caſualem penitus
poſitionem , ac confuſionem inordinatam id oſtendi , quod
autem reperiantur , aut cum radice ſurſum poſita , aut
tranſ-

transverse , vel recta , innumeræ fractæ , omnes denique
varia præditæ figura , certiores reddere nos debet , illas in
fodinis minime exortas fuisse , quod si ita se res haberet ,
reperiri saltem deberent radice semper deorsum infixa ,
dummodo tamen aliud glossopetris evenire autumandum non
sit , ac cæteris aliis rebus , quæ humi producuntur , & ex-
crescunt , dum illæ incrementum capiunt .

 At ferme ad incitas me redigunt tua hæc verba : *Quod*
autem me magis in mea hac sententia confirmat , illud pro-
fecto est , quod video glossopetras facilius evelli rupibus , si eas
ex superiori parte, seu ex earum culmine, vel ex lateribus evel-
las, quam ex basi, a qua evidenter comperimus emanare quam
dam, ut ita dicam, radicem aliquando longiorem ipsamet glos-
sopetra, quæ radix in rupem penetrans paulatim in ejus sub-
stantiam transit , absque ulla amplius distinctione . At quid
rei esset hæc radix , si glossopetræ dentes lamiæ forent ?

 Verumtamen hæc hallucinatio facili negotio evanescit .
Quod glossopetræ , aut dentes tenaciter radice , & non lateribus , aut apice infixi sint rupibus , minime probat illos
ita fuisse positos ut a rupe tanquam matris uberibus humorem ad incrementum exsugerent , sed accidit quia quum
dentes perpoliti optime essent , ac lævigati in tota eorum
superficie a rupe teneri , ac secum uniri non poterant , sicuti ex parte radicis evenit , quæ utpote spongiosa magis ,
ac magis porosa limo tenacius adhæret . Cæterum nemo est,
qui ultimum ipsius radicis terminum prospicere non possit ,
quia radix nullo modo cum limo coufunditur , ni omnino
cæcutiam . Si autem momenti alicujus est aliquam videri
glossopetram ejus radice minorem , potius putandum est
eam in ipsius animalis ore exortam , in quo nemo ignorat
partes omnes vegetare . Ostendam fortasse inferius reperiri
in animantibus dentes glossopetræ ad me missæ omnino similes , interea certior sum inter multorum animalium dentes nonnulli extra maxillas extantes minoris magnitudinis
esse , quam in ea parte , qua in iisdem maxillis infixi sunt ,
ut oculis ipsis patet .

 Fateor tamen nonnihil negotii mihi attulisse codicillum
quem-

quemdam , quem cum quatuor gloſſopetris a te accepi , &
cum earumdem duabus , ut ita dicam radicibus , quæ una
concreverant : Nòtaſti enim : (ᵃ) *Notandum , quod his
majores nunquam inveniuntur , quia fortaſſe me judice virtus eas producens diſperſa jam eſt* . Quaſi virtus illa in duobus primis gloſſopetris producendis effœta , alias poſtea minores , gradatim produxerit ; ſubtiliſſima quidem conjectan-
di ratio , quam inficiari auſus minime fuiſſem , ni mihi ſeſe obtuliſſet dentium compago piſcis illius , quem nos co-
lumbinam , ſeu vaccam appellamus , qui caniculæ ſpecies
eſt , qui a me ſumma fuit admiratione perpenſus , ac modo
eum perdiligenter aſſervo . In eo uno oculi ictu id omne
pleniſſime aſpicitur , quapropter tibi mitto ejuſdem caniculæ maxillam , etſi non integram , in qua inſpicere poteris
naturæ ludificantis efformationes , necnon ex ea deducere
non tantum in Melitenſi inſula , ſed in ore etiam alicujus
viventis talia produci a natura ipſa , quæ nunquam in ſuis
operibus effœta eſt , ſed fortis ſemper , & provida in omnibus , & ut neceſſitas poſtulat , etiam in hujuſmodi dentium productione . (ᵇ) Tandem oſtendam in calce hujus
epiſtolæ non ſolum integri capitis , ſed etiam piſcis lineamenta , id quod fortaſſe nemo adhuc præſtitit , ſeu ſaltem
ea , qua par erat , diligentia . Perpendas , amabo te , &
cogites finem , & uſum proprium tot ſerrarum (ſerræ enim
videntur pleraque dentium ſeries , quæ pluribus conflatur
dentibus ſed numero omnino , & figura variis , quum in
uno , eodemque ore majore , vel minore acumine præditi ſint) ut videre eſt in prima tabula . Quod ad reliquum
attinet , facile eſt explicare hac obſervatione quomodo plures gloſſopetræ uni , eidemque radici adnexæ ſint , & etiam
clare deprehendemus omni proculdubio , nil aliud fuiſſe
ante quam lapides evaderent niſi dentes caniculæ illius ſpeciei , quæ eadem omnino eſt , ac ſpecies aliarum lamiarum ,
atque canicularum , præterquam in ratione ac multiplici
dentium ordine .

F   Ad-

ᵃ *Tab.* IV. *fig.* I.   ᵇ *Tab.* XXVII. & XXVIII.

Addis præterea de glossopetris loquens : *Præterea quod glossopetræ amiciuntur crusta quadam , ad colorem , & substantiam differenti ab interna materia , quod minime fieri deberet , si dentes fuissent . ii enim intus , exteriusque ejusdem sunt substantiæ . Si vero a limo productæ forent , & ab eadem limi specie in lapidem conversæ , peculiari crusta præditæ forent ab interna substantia diversa .*

Sed experimentum , ad quod confugi , hanc damnat præjudicatam opinionem . Quum enim multos non lapidescentes , sed ex ore piscium fregissem erutos dentes , omnes peculiari esse cortice circumtectos cognovi , qui instar pellis internæ dentis substantiæ inservit , quæ in multis eadem est ; ac substantia ossium , sed aliquantulum humidior , in aliis vero tenerrimæ materiei . Quamobrem nil aliud superaddendum est , præterquam eorum colores parvi admodum faciendos esse , cum exterius plures variæque maculæ potuerint superinduci secundum accidentium diversitatem , quod dici non poterit in glossopetrarum radicibus , in quibus humor lapidescens , ac calor libere agere potuerunt , cum ipsæ porosiores sint , ac nullo cortice circumdatæ , ac unius pene coloris , ni aliquoties in locis nonnullis maculæ inducantur a terræ limo .

Denique objicis : *Ad conchylia , turbines , ossa vertebras &c. veniamus , quæ omnia potissimum demonstrare videntur verosimile esse fuisse olim res in lapides conversas .*

Duo , ut mihi videtur , sunt , quæ te impediunt , ne visui fidem præstes , primum est immanis. quantitas echinorum , alterum similium speciei echinorum inopia in nostro mari ; utrique satisfaciam difficultati . Sint sane echini spatagi rarissimi uti sentiunt Imperatus , & Mattiolus , quid ad nos ? (a) Sufficit mihi eos in rerum natura reperiri ; cæterum opinari debemus in aliis maris partibus ita frequentes esse spatagos , ut sunt in nostro mari echini . Et nihilominus tot , tantique adeo elegantis speciei spatagi reperiuntur , ut minore unius horæ spatio in Messanæ portu

sex-

---

a *Tab.* iv. *fig.* 2. 3.

ſexcenti capti ex iis fuerint , & quum id omne illuvie quadam inordinata antiquitus eveniſſe autumem , nihil adeo facile eſt , quam e mari in littora projici potuiſſe , echinos
hujuſmodi . Quinimmo locus ab ipſis occupatus , ſcilicet
littus argumento eſſe poteſt ad meam ſententiam confirmandam ; ii enim cum graves non ſint , ſicut cætera majori
gravitate donata corpora , quæ facili potuerunt negotio
ſubſidere , ac in littore quieſcere , & cum talis ſunt figuræ , ut facilius una cum aquarum fluctibus exagitati ſuper-
fluitent , littora circumeuntes , ſeorſim , ac diviſi in inſulæ circuitu pene innumeri quieverunt in propatulo expoſi-
ti . De his nonnihil delibare inferius oportebit .

Ad alia igitur me convertam , verumtamen elegantem , ac ſtudioſum laborem Salas commentum potius , quam
verum ſyſtema reputo . Univerſale mundi diluvium , uti a
Moſe narratur , ego credo , & credam pariter , quod diluvii aquæ omnia ſupertexerunt , & quod . *Reverſæ ſunt*
aquæ de terra , & quod *prima die menſis apparuerunt cacu-*
mina montium : ſed illorum montium , e quibus potuit co-
lumba evellere , ac adferre : *Ramum olivæ virentibus foliis*
in ore ſuo , ſcilicet e montibus , qui prius erant , & poſtea perſtiterunt . Id omne neque opinioni innititur , neque hypotheſi ex ingenio effictæ , ſed inconcuſſæ veritati ,
quare male equidem rebus conſulerem meis , ſi hac relicta veritate ad præfati autoris commenta me converte-
rem . Ut igitur mihi hoc ſuadeas , minime tibi inſudan-
dum eſt , ego enim abhorreo ab hujuſn odi phartaſticis rationibus , ut ſun mopere mihi diſplicuerit leviſſimas aliorum opiniones attingere , qui ſtatuunt in rupium viſceribus aut aſtrorum virtute , aut ob aquas e mari advenien-
tes , neſcio quibus oſtracodermis refertas , æquoreorum
animantium teſtas gigni poſſe , & produci . Id autem ,
quod ab Agricola refertur , quod tamen nunquam vidi , ve-
roſin ile prorſus , ac facile factu mihi videtur , ſcilicet reperiri in lapidibus bufones , angues , ac etiam nonnullos
canes , ſicut placet Guillelmo Neobrigerſi , ibique pro-
greſſu temporis in lapidem converſos obriguiſſe . Quod

F 2 autem

autem hæc sententia tibi minime arrideat , quia , ut ais ,
etiam nunc ea animantia in mediis saxis viva invenirentur ,
nihil omnino probat ; sufficit enim , quod alibi reperiantur
viva in suis caveis sub terra , & quod aliquando quadam ratione fuerint conclusa , & in petras conversa una cum limo
aliisque rebus , quæ omnia in rupem montis confluxerint .
Quod autem multa lapidescant, in confesso est etiam apud te,
quamvis addas hoc perrarissime evenire neque posse hujusmodi rationem ad innumeras petrarum figuras , quæ in ista
insula effodiuntur , aptari . (ª) Hoc tamen tam raro acci-
dere minime diceres , quotiescumque tecum ipse in mentem revocares innumeras historias a præfato Joanne Daniele
Majore , (ᵇ) & a Philippo Jacobo Sachs enarratas ; uter-
que enim elenchum hujusmodi effectibus refertissimum col-
legerunt . Sat mihi tamen est ita solere , & posse Naturam
operari , quod reliquum est , equidem nescio quomodo
arctari possit , ac imminui ejus virtus , quinimmo arbitror
ipsam in petrefactione unius conchylii tantum virium insu-
mere quantum in petrefactione montis insumeret , dummodo eadem subalternis causis , quæ ipsius administræ sunt ,
& rationem , & normam hujus petrefactionis præstet , Hæ
autem non possunt , ut puto , ita consulto agere , ut partem aliquam non lapidescentem relinquant . Itaque quomo-
donam tibi , aliisque , qui in contrariam sententiam eunt ,
satisfaciam nescio . Dico tamen pluribus in locis , qui non
sunt dispositi ad corpora petrefacienda , nulla ibi corpora
petrefacta remanere , at in locis , in quibus adfuit illa virtus
omnia corpora penitus in lapidem versa fuerunt , ac tempore eodem . Verumtamen tuo desiderio me spero satisfactu-
rum , & non solum ad te nonnulla conchylia omnino petrefacta mittam ; sed aliqua etiam partim tantum petrefacta
cum animali intra se incluso ; quæ quidem admodum rara .
De ossibus , vertebris &c. dicam inferius ; nunc vero aliquid de turbinibus , ac de bugardis dicamus , non quid
sint ,

ª Jo. Dan. Majoris diss. De cancris , & serp. petrif.
ᵇ Philipp. Jac. Sachs Resp. dissert. De miran. d. lapid.

fint, omni enim procul dubio exiftimo ex verorum turbinum, & bugardarum corticibus coaluiffe, fed ut ad illud
refpondeam, fcilicet cur conchæ nigræ, vel cinericii coloris, itidemque turbines tantum in argilla inveniantur, nunquam vero in rupibus, in quibus albæ folum reperiuntur.
Refpondeo, quia ficuti jam dixi, illi, qui in limo funt,
non funt veri turbines, aut vera conchylia, fed ipforum
formæ, & illæ, quæ rupibus infixæ cernuntur veræ funt,
turbinorum, & conchyliorum teftæ bene admodum compa-
ctæ, & in faxeam materiem immutatæ. Optime id fuadet
unus ex turbinibus, quem ad me mififti, hic enim cum fit
talis formæ, ut in fe ipfum vergat, circumpofitum corticem defendere non valens, affervavit, fed in lapidem ver-
fam partem illam turbinis, quæ in internis voluminibus cir-
cumdata fuit luto in lapidem obdurato. Credo nullam fore
oborituram dubitandi rationem, quia fi nonnulli putarunt
gloffopetras excrefcere ex propriis radicibus, bugardiæ, &
turbines eodem plane modo minime potuerunt crefcere, utpote qui ab omni faxo fecreti, & undequaque molli, tenuique limo circumdati deprehenduntur ; ni velimus dicere
turbines interna vi, ac fermentatione excrefcere ad magnitudinem grandium bugardiarum, cujus penes me veros cortices fervo, quamvis huic ultimæ opinioni minime adhæream.
Dicam igitur ea omnia potius, quæ a te turbines, & bugardiæ appellantur, illius femper fuiffe magnitudinis, quam
eifdem veræ animantium teftæ tribuerunt, nec unquam nifi
faxa fuiffe in externo typo formata.

Quis nam igitur poterit pacato animo credere hujus terram infulæ non convertiffe in petram, ac fervaffe, fed pro-
duxiffe gloffopetras, five, ut melius dicam, tot variorum
animalium dentes, echinos, offa, vertebras, aliaque hujufmodi, quum id totum fophifticis fubtilitatibus, aut de-
bilibus argumentis innixum effe dignofcatur, mea autem
fententia firmiffimis innixa fit argumentis, quibus addi poffet
doctiffimorum hominum auctoritas?

Verumtamen magis confentaneum eft veritati, rectæ-
que rationi in eorumdem corporum infpectione laborem in-
fu-

fumere quam in adducendis fcriptorum auctoritatibus ; &
veritatis potius apparere amatores , quam librorum notitiam
jactare , & non aliorum dictis , fed folummodo experimentis acquiefcere .

Quapropter nemo fanæ mentis auctoritati acquiefcet illo
rum,qui in corporum generatione autumant neceffario concurrere debere feminalem virtutem cujufcumque partis animalis
geniti, quafi in ipfius femine neceffario ineffe deberet portio
quædam , quæ nafum , alia , quæ oculum , alia quæ auri-
culam , alia quæ manum , & fic quamcumque fingularem
partem efformaret . Id equidem nullus concedet ; validiffi-
ma enim contraria funt argumenta , quæ hujufmodi deftruunt
commentum . Quis præterea in eorum poterit fententiam
defcendere , qui per quamdam partium fimilarium , ac un-
dique folutim vagantium congeftionem fieri poffe credunt hujufmodi rerum productionem ? Sed concedatur ineffe ubique
femen aliquod , per quod res fimiles ubique efformentur ,
fed integræ tamen , & in terra integrum marinum animal ,
in mari vero integrum terreftre , feu arborem quamdam
produci ; aft non poterit etiam hujufmodi rerum pars aliqua,
& fola produci , nam femen debet neceffario integrum producere corpus quum naturali progreffione generet , & producat animalis partes gradatim , non autem per faltum .
Minima illa Democriti corpufcula mirabiles omnino effectus
in hac integra corporum productione fuadent , credibile tamen eft quod cum coalefcunt , aliquod exerant motus principium , atque eorum fermentatione nobis exhibere integrum
aliquod compofitum , aut integri animalis , vel integræ arboris . Verumtamen quamdam fpeciem in minimis ipfis reperiri minimorum , quæ & in quocumque compofito , & extra
illud poffint ex fe producere vel folium cujufdam arboris ,
vel humanum membrum , vel animalis dentem , vel verte-
bram , aut corticem , five os aliquod , a ratione alienum
eft , quia huiufmodi partium productio alias pene innumeras
compofiti partes neceffario fubfequitur , nec illæ ex fe poffunt confiftere , quia ab aliis pendent . Rem clarius expla-
nabo . Sint partes nonnullæ fimiles , aut minimorum cor-
puf-

pufculorum congeries apta ad gignendum in terra , vel quocumque confluerent , animal quoddam exempli caufa pifcem , deberent omni procul dubio minima illa , feu partes
ex fimiles , procedere , aut procedere conarentur eadem
prorfus difpofitione , qua operari folent cæteræ partes , feu
minima , quæ pifcem hujufmodi in aquis produxerunt , fcilicet primum efformaffent ovum , & ex ipfo deinde animal ,
aut faltem in prima mutua minimorum fermentatione , integrum cujufdam parvi animalis fœtum , non autem illius
tantum partem . Bene profecto contra eos , qui omnia credunt, irafcitur Fabius Columna: (ᵃ) *Falſum omnino*, inquit,
eſt oſſa in terra eſſe genita , ut Plinius ex Theophraſto refert,
non enim Natura quid fruſtra facit , vulgato inter Philo-
ſophos axiomate : dentes ii fruſtra eſſent , non enim dentium
uſum habere poſſunt , nec teſtarum fragmenta tegendi , ſi-
cut nec oſſa ullum animal fulciendi . Dentes ſine maxilla ,
teſtacea ſine animali , oſſa unica (nonniſi omnia conjuncta
cum ipſo animali) in proprio elemento Natura nunquam fe-
cit , quomodo in alieno nunc potuiſſe , & feciſſe eſt creden-
dum ? Oſſa enim ex eodem ſeminali excremento ortum habe-
re ſimul cum animali , ipſa experientia , & natura docuit,
tam in homine , quam in animalibus ſanguine præditis , &
ex ſemine initium habentibus , ac etiam quibuſdam aliis ;
quomodo in ſubterraneis terreſtribus ſemen hoc inveniri aſſe-
ritur ? qua experientia ? hoc ſi daretur , & hominem
ſponte oriri eſſet obſervatum , vel animalia , ut bos &
equus , & ſimilia .

Si autem dicas , hos non effe omnino veros dentes ,
neque veras omnino teftas , & vera offa , ideoque fine femine oriri potuiffe , ego etiam refpondebo , quid non
eadem ratione efformata fuerunt , & non omnino funt ipfif-
fima corpora , quid , inquam , fi ex unione & configuratione atomorum compacta funt , unius naturæ non funt tam
intus , quam extra , ut gemmæ , fales &c. quod minime
confentaneum eft experimentis ?. Verum de gloffopetris id
dici

ᵃ *Diſſert. De gloſſop. in prin.*.

dici non poteſt , cum eæ inter vegetabilia connumerentur ,
quæ ex variis conflantur corpuſculis heterogeneis ; gloſſopetræ enim cruſtam , & radicem , æque ac medullam diver-
ſa penitus pollere ſubſtantia videmus , eſtque omnino ſibi ipſi diſſimilis , uti cætera ſunt vegetabilium , ac ſenſitivorum
membra .

Nec tamen concedam , gloſſopetras ſi non gemmarum ,
ſaltem tamen vegetabilium ſpeciem eſſe ; hoc jam prius tra-
ctatum eſt , dictumque , tales non eſſe , atque in poſte-
rum clarius demonſtrabitur , gloſſopetras partes corporum
eſſe una cum terra translatas , non autem in terra ipſa pro-
genitas . Erunt ergo ſane animalium fragmenta . Vanis mi-
raculis Melita non indiget , neque vanis commentis , ut il-
luſtris evadat , quum jam per Orbem eluceat tot , tantiſque
rebus veritate probatis , ut oſtendam , Deo dante , in
elucidatione aliquot rumorum Melitenſium raritate ſingula-
rium ,

Palam autem cernitur gloſſopetras , vertebras , echinos , & oſſa in Melitenſi terra ortum non habuiſſe , ſed in
illam fuiſſe translata , & monſtratur hac evidenti ratione .

Poteſt Natura res producere imperfectas per accidens ,
ſcilicet animal , arborem , fructum , veluti animal bra-
chio carens : poteſt etiam oriri fructus parte ſui adhuc im-
perfecta , ſed ſemper apparebit defectum illum a Natura
ſuppleri , ac tegi pellicula aut cortice aliquo , & oculis non
exponet partes illas aut mutilatas, aut vitioſas, ſicuti apparere
deberent, ſi per vim aut a manu aut a ferro eis illatam avul-
ſæ, atque obtruncatæ forent. Ergo hi Naturæ luſus non fuerunt
in terræ viſceribus producti , quia nempe in mineriis videri
non poſſent gloſſopetræ , oſſa , vertebræ &c. confractæ cum
fractionis cicatrice , ſed fractioni ſuperinducta eſſet cruſta
quædam , qua illi totum corpus ſuperintegitur, ſimillima . In-
ſpicias quæſo & videas omnia prius confracta in locum hunc
pervenſſe , (ª) & rupibus malthæ adhæſſſe .

II. Sed etiam animadvertamus oportet , quid interſit
in-

_____

a *Tab.* III. *fig.* I. c. b.

inter rupis alicujus fragmenta non translata, & inter arenas, aut lapides qui attriti fuerint & e mari in littora projecti, aut a fluminibus circumvolutati. Prima siquidem inordinate angulata, ac configurata cernentur; secundi vero teretes, ac omni angulo carentes, quod sese nunc huc, nunc illuc confricantes, & cuicumque impulsioni obvii, & faciles, omnino rotundi, (a) aut quasi rotundi evaserint. Dens ergo, qui delineatus tibi remittitur, nonne plane suadebit eamdem subiisse fortunam, ac aliæ partes, quæ una cum ipso eodemque tempore invicem coaluerunt? Dens hic solitarius in luto, & cum arena coacervatus, sententiam damnat illorum, qui ibi illum genitum fuisse statuunt. Oculis ipsis intuemur radicem ejus minime cum saxo confundi, quod revera nil est aliud, quam congeries arenarum dissolutarum, atque externarum, corrupti ossis, luti, ac dentis.

III. Si vero attente perpendemus dentem, qui hic cernendus exhibetur, (b) nec non effectus, quos in maltha inclusus produxit, optimum desumere poterimus argumentum, illum nec ibi natum fuisse, nec ibi crevisse; fingentes enim mentibus nostris, rem hujusmodi in saxo productam, ex qua erumpere possit succus quidam aptus ad delineandam, cælandamque in eodem continenti sui ipsius configurationem, necesse est etiam dicere, rem hanc in sui progressu, & incremento varium penitus delineamentum efformare debuisse, identidem delendo illud, quod antea efformaverat tempore, quo res ipsa in quacumque sui parte minor, & parva erat; dummodo affirmare nolimus continens cum re contenta excrescere potuisse, quod audacissimum esset. Idem prorsus dico, de dente signato litera A. Ipse clausus in maltha B ob aliquod accidens, quod sive ante, sive post contigerit, rimas duxit plures in sui superficie prope basim, & in sui longitudine, & latitudine, e quibus quidam erumpens crassus, & oleaginosus humor, in maltha exacte omnino impressit omnes ejus rimulas totidem lineis. Continens corpus alia inferiora lineamenta nullo

G

mo-

---

a *Tab.* v. *fig.* 1.   b *Tab.* v. *fig.* 2.

modo exhibet , quinimmo in ipſius radice , aut baſi , ſi ſic
eam appellare velimus , quam detexi , percipi poteſt ſubſtantia omnino differens a ſuo continenti , hic enim eſt maltha puriſſima in ſaxum coagulata , radix autem dentis poro-
ſi , ac ſpongioſi ; oſſis ſpecimen refert , ſed denſius lapi-
deſcentis .

IV. Neque levis quidem conjectura eſt ea , quam deſumere poſſumus a dentibus gloſſopetras nuncupatis , qui
vel mediocris , vel notabilis magnitudinis ſint , omnes prope radicem inciſuram quamdam exhibent ſecundum propriam
magnitudinem , ut ſignatur litera A , (a) vidi enim lamiarum , & canicularum , & hujuſmodi animalium dentes unum
ſuper alium , ſed tali ordine congeſtos , ut pars convexa
dentis os introſpiciat , pars vero plana ad externam partem
vergat , ut intuentibus patet , (b) quare ex dentium motu , ut dixi ſuperius , in partem illam convexam ea inciſura
imprimitur (A obſignata) ab alio dente , qui illi imminet ,
& ſic deinceps . Intuemur pariter partem illam radicis ,
quæ inſita erat , æqualiter poroſa , illa vero pars dentis ,
quam voco inciſuram quamdam a motu dentis ſuperincum-
bentis impreſſam , poroſa non eſt , ſicuti neque talis reperitur in dentibus animalium recentibus , quia extra illam
membranam proſilit , quæ tantummodo amplectitur radicem poroſam , & cortice exutam , ideoque aptam ad humorem ſugendum , ut excreſcat , quod quidem nos reddit
certiores , dentes iſtos prius vegetaſſe in ore animalium ,
quam in Melitæ inſulam projecti , ac ibi infoſſi fuerint .

V. Magni facienda eſt variarum rerum unio in unum
coacervatarum , ac caſuali , & non excogitata ſituatione di-
ſtributarum , (c) ut videre eſt in ſaxo quodam , quod
coagmentatum eſt dentibus aliquibus , bacillos S. Pauli vulgo nuncupatis , & corruptis oſſibus , ac ſtriati conchylii te-
ſtaceo fragmento (teſtaceum vero hoc fragmentum in ſaxum
non converſum erat , ſed adhuc variis ſuperficiebus compactum ſecundum ipſarum teſtarum naturam , ut experimento
ap-

---

a *Tab.* vi. *fig.* 1.   b *Tab.* vi. *fig.* 2.   c *Tab.* vi. *fig.* 3.

apparuit facto in quodam frustulo ejusdem conchylii) Poterit ne deinde quispiam inficiari , non fuisse hæc omnia inopinato casu simul coagmentata in maltha , quod nonnulli nesciverint rationem adferre , quomodo præfati bacilli fuerint petrefacti ? oculis ne nostris fidem negabimus , ut infirmæ opinioni adhæreamus ? Nonne sufficiet videre frustulum illud conchylii , veram esse testam conchylii ejusdem , ac dentem , (ᵃ) illum naturalem esse dentem , sicuti observare poteris etiam alium simile caniculæ ? Sin autem totum id non sufficiat , me de præfatorum bacillorum natura aliquid inferius delibaturum promitto .

VI. Concessa alicujus lapidei corporis in saxo generatione mecum ipse reputo , quomodo corpus illud incrementum acquireret : Exemplo sit verbi gratia mali medici generatio in aliqua rupe , crederem illud equidem excrescere aut statim , aut pedetentim ob aliquam fermentative dispositionem saxo alicui inditam , & malo illi medico aptam . Stultum quidem esset opinari illud ab uno latere posse incrementum sumere , & ab alio duabus suis medietatibus ita circuire , ut ad punctum pertingeret , quo sua circularis rotunditas compleretur , quæ malo illi convenit , complectendo partem eam saxi , in qua fuit productum . Proprius nunc ad rem nostram descendamus . Si echini geniti fuissent in istis rupibus , quomodo in illis eorum incrementum erit statuendum ? Anne echinorum semen solummodo superficialibus corticibus substantiam rupis circumdedit , & tali potuit modo perfecte complere propriam spatagorum configurationem ? Hoc penitus ignoro , nec unquam credam ; deberet enim (quod tamen negabo) saxum integrum , & solidum esse , in modum echini efformatum , non autem cortex quidam ea substantia repletus , in qua adnatum est , sicuti apparet in echino spatago , quem tibi mitto . (ᵇ) Hæc equidem est demonstratio clarior , quam fieri possit , ac desiderari , palam enim ostendit illam fuisse animalis alicujus testam , quæ maltha oblinita , ipsaque referta , tunc cum lapidescebat confracta ; testa enim tanta vi saxeæ materiei eo

G 2

tem-

ᵃ *Tab.* vɪ. *fig.* 4.   b *Tab.* vɪɪ. *fig.* 1.

tempore perculfa , ut eam frangi oportuerit , quantum ab interna obdurefcente fubftantia permiffum fuit . Hoc apparet evidentiffime in variis ejufdem teftæ rimulis , & præcipue in lateribus A . B & C . D obfignatis . Quum enim pondus compreffionis receperit a puncto E ad F , neceffario alternatim fuperficies A. D , locum dedit B . C . Hæ partes , neceffario , proximam dereliquerunt , ut dubium omne faxeæ plantæ adimeretur , quæ quidem fi talis extitiffet , etiam a fuis tenerrimis primordiis debuiffet lapideum fuperpofitum pondus fubftinere .

VII. Obferventur quæfo lamiæ , & caniculæ ora , & videbimus dentes omnes tali pollere configuratione , ut unus levæ maxillæ non poffit dexteræ ejufdem oris aptari , confunderet enim ordinem illorum , qui verfus guttur protendunt , eo magis , quia pars dentis convexa , ut fupradictum eft , guttur verfus profpicere debet ; itaut affirmari poffit quotiefcumque nobis dens aliquis folutus , & a proprio diftractus fitu præ manibus fit , affirmari abfque errandi periculo poffit : hic dens ad levam, hic alius pertinet ad finiftram maxillam . Huic omnino rationi confentaneæ tam Melitenfes , quam locorum aliorum gloffopetræ funt , quarum perplures apud me habeo , ad unam , aliamve partem inclinatæ , quod nobis teftatur , (ª) olim eas dentes fuiffe infixos aut dexteræ , aut levæ maxillæ in inferiore , aut contra in fuperiore parte oris lamiarum , canicularum &c. (ᵇ)

VIII. Non minori evidentia idem fuadere videtur faxum illud , quod affabre jafmini floris formam repræfentat , quod quum comminutum effet circa latera , mihi integram configurationem non omnino præfeferre poterat , nihilo tamen minus , illud duobus laminis conftare cognovi , materie omnino fimilibus reliquis cruftis teftaceorum petrefactorum . Unio tamen duarum illarum minimarum fuperficierum , quæ formam fubtilis admodum laminæ conflant , nonnihil mihi fecit negotii , an faxum illud capax , & aptum fuiffe ad animal ipfum continendum Diligenter tamen fingulas ejus partes

---

ª *Tab.* vɪɪ. *fig.* 2. *Ibid. fig.* 3.   ᵇ *Tab.* vɪɪɪ. *fig.* ɪ.

tes perfpiciens , intellexi ab ipfius forma diligenti , & accurata corpus effe quoddam non fortuito coalitum , fed a natura productum , & poft vitæ terminum in fpecie echinorum petrefactum . Aliquandiu credidi connexionem duarum illarum fuperficierum , quæ , ut dixi , locum , in quo animal vivens concludi poffet , minime reliquerant , ortam effe a compreffione aliqua , fed allucinatus fum . Quum enim aliam teftam accepiffem ejufdem omnino configurationis ab ifta infula faxo penitus adhærentem , inferiore fui parte integram , perfecteque confervatam in fui circumferentia cognovi , illam teftam effe cujufdam echini talis determinatæ fpeciei . Echini , ficuti refert Athenæus in libro tertio fecundum Ariftotelis mentem , pluris funt fpeciei , quinimmo exiftimare debemus perplures reperiri , quorum fpecies nos penitus lateant , fed in illis , qui communes funt , maximam fane cognofcere poffumus varietatem . Ipforum enim nonnulli fphærici perfecte funt ex omni latere , alii aliquantulum duabus partibus , quas polos nuncupabimus , compreffi , alii vero in uno tantum latere aliquantulum excavati , in alio autem aliquantifper etiam elevati ; quinimmo modo fpiffioribus , modo rarioribus , nec non craffioribus , fubtilioribufque fpinis præditi . Hoc dico non tantum de folis echinis , quin etiam exiftimo magnum ineffe difcrimen inter fpatagos , ac etiam in aliis fpeciebus , quamvis alio nomine ab auctoribus nuncupatis , & cum ego fub echinorum appellatione omnia complectar animantia fpinis armata , nihil prorfus in eorum præcipua nuncupatione immorabor . In ipfis equidem animadverto , naturam talem conftituiffe internam partium neceffitatem , ut in eorum teftis , & extra ipfas neceffario efformari debeat ordo quinarie diftinctus , aut eorum partium , ficuti evenit in echinis communibus , aut perfectæ compofitionis , ficuti in cæteris aliis ad fimilitudinem floris jafmini . Quum autem totum id in nonnullis aliis echinis petrefactis , quos penes me habeo obfervaverim , inter quos perplures funt ab auctoribus non indicati , (a) certe

non

a *Tab.* IX. X. XI.

non mentior dicens , propofitum faxum animal quondam fuiſſe . Parvarum vero mamillarum ; (ᵃ) ſeu potius tuberculorum obſervationem omittens , quæ per totum ejus corpus microſcopii ope cernuntur , ex quo evidentiſſime apparet ſubtiliſſimis fuiſſe ſpinis refertum , ad firmiora deſcendam argumenta . Echini omnes , quorum figura rotunda eſt , os habent perpendiculariter poſitum ſub ſuperiore corporis punƈto . (ᵇ) Id videre eſt in alio ſaxo , a quo totam ſeparare ſaxeam materiem diligenter curavi , & partem detexi , per quam ali neceſſario debebat animal punƈto illi reſpondentem , in quod lineæ omnes confluunt , quæ præfati floris delineamenta confingunt ; neque id mihi ſufficiens fuit , ſed illo confraƈto , equidem obſtupui , inſpiciens cellulas ac tubos A vitæ , (ᶜ) & ſtationi animalis , opportunos in anguſtiis illis affabre faƈtos . (ᵈ) En ecce fideliſſimum ſaxi cujuſdam albi ex iſta inſula ad me tranſmiſſi delineamentum , quod maxillæ partem cum tribus dentibus illi confixis exhibet conſpiciendam . Hoc perlubenter tibi mittam , ut in ipſo lapillorum , cochlearum , & inſuper alicujus dentis ſubrotundi , qui vulgo anguium oculi nuncupantur , congeriem poſſis intueri   Ad meam tamen ſententiam confirmandam maxime conducit , repetitos conſpicere unum , duos , ac etiam tres dentes , hoſque ſuis cum radicibus alte confixis in oſſe A maxillari , quod petrefaƈtum etiam in parte confraƈta medullam oſtendit aliquantum ſpongioſam . Contra vero externus cortex ſolidiore , ac denſiore oſſe conſtat . Hoc quidem ſaxum pars eſt animalis cujuſdam petrefaƈta , ac talem rem illud autumabit unuſquiſque ſano præditus ratiocinio , (ᵉ) & qui oculorum teſtimonio uti velit . *Ex ipſo aſpeƈtu , effigie rei , & tota ſubſtantia , ac neminem ,* præfatus Columna pro ſimili veritate contendens ſcribit , *cenſemus tam craſſa Minerva natum , qui ſtatim primo intuitu non affirmarit , dentes eſſe oſſeos , non lapideos .* Atque eo magis , quod non careant parte illa maxillari , in qua incrementum

ſum-

---

a *Tab.* vɪɪɪ. *fig.* ɪ. *Ibid. fig.* 4.   b *Ibid. fig.* 2.   c *Tab.* vɪɪɪ. *fig.* 3.
d *Tab.* xɪɪ. *fig.* ɪ.   e *Fab. Colum. De gloſſop.*

ſumſerunt progreſſione , ac diſpoſitione quidem non ficta , ſed naturali .

IX. In medium proferam modo unum ex anguibus Melitenſibus , (ª) non autem ex illis , qui veneficam exuerunt naturam Beati Apoſtoli Pauli miraculo , ſed ex illis , qui falſo petrefacti autumantur. Hi , qui angues habentur , tales quidem non fuere , ſed nonnullorum marinorum verminum exuviæ , uti bene obſervavit Aldrovandus , qui nonnullos in tertio *de Teſtaceis* delineatos exhibet , eoſque paſſim in noſtris rupibus reperio ; quin immo in eo loco portus Meſſanenſis , qui appellatur *il Secco* , ſaxis adhærente , obliquis adeo voluminibus , ut verorum anguium tortuoſa volumina apprime , eleganterque repræſentent . Vulgo a nobis vitra maris nuncupantur , (ᵇ) eorumque nonnullos delineatos exponam , ut ſpeciei ejuſdem penitus eſſe videas , & ab eorum mutua ſimilitudine rei veritatem percipere poſſis , (ᶜ) videlicet aliquando eos angues , qui nunc in tofis viſuntur , e mari fuiſſe projectos , atque in inſula permixtos cum cæteris rebus aliis , quæ quotidie deteguntur , relictos fuiſſe

Efficacius denique præ aliis omnibus , quæ adduci poſſunt , & quacumque mathematica demonſtratione verius ac tutius argumentum , hoc eſt . Si res illæ , quæ ad me tranſmiſſæ ſunt , ut mea opinione relicta ad oppoſitam tranſirem , tantam meæ primæ ſententiæ addiderunt roboris firmitatem ; illæ ergo , quas ex iſtis rupibus ſeligere poſſem ego , qui nulla peculiari affectus ſum opinione , ſuo indubium ſane me redderent teſtimonio , has res aliunde adventaſſe , & iſtuc neſcio quo tempore congeſtas fuiſſe ; & quia Deus ipſe ubique voluit ſummæ ejus juſtitiæ , & quam facili negotio ingratum hominum genus plectere poſſit , ſigna adeſſe , ideo ſexcentis in locis nobis oſtendit , mare ejus nutibus , etiam contra propriam conditionem fideliter paruiſſe , ac ſuper altiſſima montium cacumina aſcendiſſe , in quibus divinæ indignationis notas paſſim obvias reliquit ,

ad

---

a. *Tab.* XII. *fig.* 2.   b. *Tab.* XII. *fig.* 3.   c. *Ibid. fig.* 3.

ad exprobrandum non credentibus Creatoris potentiam .

Sed prius ad loci qualitatem , ac compofitionem deveniamus . Noftri hi montes faxis , arenis , vel craffioribus ,
vel tenuioribus , ut plurimum conftant , ad talem producti
altitudinem , ut moderate civitati , quam eleganter coro-
nant superfint . Illorum conftructionis modus hic eft . Primum ftratum minutis faxis conftat , cui aliud superadditur
arenarum communium , & super hoc impositum tertium te-
nuiffimarum arenarum reperitur , & fic viciffim ; nam super
arena tenui , subtiiique faxulorum ftratum iterum cernitur ,
& fic continue ufque ad verticem montis . Lineæ ab his arenis defcriptæ orizontales jacent , aliquantifper tamen civita-
tem verfus , & mare inclinatæ funt , exurgentes in ea parte , quæ terram verfus profpicit , quia , ut puto , bafis ,
feu pars inferior , super quam præfatæ arenæ depofitæ funt ,
ab antiquo in declivem inclinata fuerit verfus mare . Id
omne patet ex torrentibus , qui ex iifdem montibus decur-
runt , & profundos hiatus excavant , & has varias superfi-
cies detegunt .

Id vero , quod obftupefcens intueor , eft craffarum ,
necnon mediocrum , ac denique subtilium arenarum ordinem , pluries , pluriefque repetitum , & ex hoc arguere
oportet , montes illos ad talem altitudinem deveniffe , quam
modo videmus non fimul , fed per plures vices peregrina ,
& externa materia adventante . Exemplo fint torrentes ,
quos immodici imbres super ripas aluere . Præcipites fecum
trahunt omnia , quæ illis obviam fiunt , ufque dum in planitiem , & in apertos campos devenerint , ubi velocitate di-
minuta , corpora , quæ aquis permixta rotabant , ea ratione deponunt , ut graviora subtus , minus gravia defuper ,
ac tandem in extima superficie leviora quiefcant ; idemque
ordo ex eadem caufa pluries , pluriefque iterabitur , fcilicet secundum pluvias , quæ per temporum intervalla deci-
dunt . Ex hoc igitur nunc conjicio materiam montes noftros
componentem , externam penitus effe , eofque ubi modo
funt , ab aliqua aquarum permaxima illuvie , quæ secundum
impetum , & quietem , corpora , & pondera fluitantia cir-
cum-

cumduxit , ac tandem depofuit , & hoc per plures vices ,
compactos & auctos paulatim fuiffe .

Hinc eft quod falfum effe , comperi , hæc animantia ,
teftas &c. lapideo cortice obductas , non e lacubus , aut
fluminibus , ut quondam infcite rebar , emerfiffe , quum
hæc omnia nunquam in illis locis reperiantur ; & quamvis nefciam qua nam ratione mare illuc pervenerit , an
in aliqua peculiari , vel in univerfi totius orbis inundatione ;
ac pariter ignorem utrum globus terraqueus aliquam fitus
mutationem paffus fit , tamen perfracte adfirmo , hæc omnia , de quibus fermo eft , nifi oculis fidem adimere velimus , vera effe corallia , veras conchas , veros dentes , offa in lapidem converfa , non e lapide formata . Lucretius ,
magni Epicuri nomine , confilium meum effe cæteris præ-
ftantius me reddit certiorem :

Invenies primis ab fenfibus effe creatam
Notitiam veri , neque fenfus poffe refelli .

Nunc vero ad peculiarem loci qualitatem deveniamus .
Colles , qui montes hofce conftituunt , non omnes funt ex
folutis arenis compacti , nonnulli enim duriffimis rupibus
Conflantur , nonnulli mediocri duritie præditi , ac fæpefæpius
albo topho , feu parum pura maltha . Ubique vero confpici
poterit feries fuperius adnotata , aut lineæ variorum corporum , & colorum , fed ipfarum unaquæque ad orizontem
parallela .

Neque hi colles omnes , etfi propinquiffimi , conchi-
liis , aliifque teftis abundant , fed per faltum modo hic ,
modo illic , id quod meæ robur adjicit opinioni , aquarum
fcilicet vortices eos ita cafu cumulaffe .

Animadvertendum etiam fontes in illis non adeffe , qui
fecundum nonnullorum fententiam potuerint in lapidem ver-
tere id , quod cernitur generationis virtute lapidem factum .
Quod autem in faxa hæc mutata fuerint , jam fieri non potuiffe monftravimus , tum etiam quod plures colles ex folutis arenis conflati , pariter tamen conchyliis , teftis , innu-
merifque propemodum aliis fimilibus rebus , non autem petrefactis referti funt , quæ omnia pariter in petram converfa

sicut cætera forent , si continens materies , seu loci natura
ad hoc faciendum apta fuisset . Hoc affirmare audeo , quia
quodcumque corpus in petram conversum est , plus , minusve soliditatis ac duritiei secundum sui continentis mensuram
video recepisse . Echinus lapidescens in topho , adeo soli-
dus non est sicut , qui in lapidea rupe lapidescit , itaut secundum loci naturam , & vim , seu secundum materiei dispositionem , quæ corpora illa colligavit , hæc in aliquibus
locis mirum in modum lapidescant , in aliis vero minus , in
multis denique , qualia ab initio fuerunt , omnino reman-
serint . Hinc argui potest , quod sicuti corpora non petrefacta in lapidem conversa forent , si in arenas friatas non in-
cidissent , ita corpora illa in rupibus , ac tophis obdurata ,
talem non induissent saxeam qualitatem si in siccis arenis , ut
cætera , consepulta fuissent casu , per quem in terram projecta fuere . (ª) Nonnulla ex eis exponam eo meliori , quo
ipse modo potui , servata : hoc tamen scias velim , res hujusmodi , quas in his collibus reperi , multo plures esse numero , ac speciei varietate , quam hic delineatas exhibeo ,
nonnullas enim tantum selegi formosiores , & magis con-
servatas .

Sic pariter tibi mittam testas nonnullas , (ᵇ) quæ &
numero , & varietate plurimæ in Calabriæ montibus effodiuntur ; sed attentius quæso pensites velim nonnulla saxa ,
seu potius dicam marina corpora petrefacta , quæ inter alia
innumera selegi e colle illo defossas , qui mirabiliter quidem
substollitur in capite civitatis Mylæ , (ᶜ) ex humanitate
Doctoris Joannis Natalis acceptas , homine quidem erudito ,
ingenuis moribus , optimaque mentis acie prædito , bona-
rum artium humaniorumque literarum professore . Parvi
quidem faciendæ sunt tres illæ conchæ a. b. c. scilicet illa ,
quæ simplex dicitur , altera *concha pictoris* nuncupata , &
tertia striata , etsi huic postremæ nullæ similes neque videantur , neque legantur ab auctoribus descriptæ : Sed præ omnibus considerandæ sunt in eadem tabula conchæ marinæ AA,
quæ

---

quæ operculum funt cochleæ marinæ, quod vulgo dicitur *pietra di S. Margherita*, necnon milleporum quoddam B petrefactum. Aft ego nunquam inducar, ut credam, cafum ea opercula numero ferme infinitâ efformare, quæ tam exacte cochleis petrefactis refpondeant, quæ illis carent. De hujufmodi operculis inferius fermo erit habendus, quare opere pretium erit de nonnullis rebus nunc difserere, quas in Mefsanæ collibus reperii.

I. In his noftris collibus, qui tamen ad aliquam altitudinem elevantur, dentes adeo grandes non apparent, ficuti ifti Melitenfes, fed folummodo nonnulli parvi, vel fimplices cortices ipforum grandiufculorum.

Nos jam dentium qualitatem confideravimus, qui in ore canicularum, ac fimilium animalium reperiuntur, & tu bene nofti hujufmodi beftiam perplures in maxillis fervare dentes folummodo in externo cortice obduratos, intus tamen humore quodam mucofo refertos; hinc fit dentes iftic repertos dentes fuifse, qui in montium cacuminibus remanferunt, illorum enim levium, ac vacuorum mollis, ac tenerrima adhuc eft maltha, quapropter eorumdem tantam copiam invenimus in ifta infula, quæ in planitiem protenditur.

II. Maximam echinorum petrefactorum copiam, aliorumque corporum confregi, quæ fuapte natura vacua funt, atque intra ipfa nil aliud perfpexi quam maltham puram fimilem omnino cortici, qui teftam omnem circumdat, feu peregrina corpora, fcilicet arenas, lapillos, conchyliorum fragmenta, marini hiftricis fpinas, aliaque hujufmodi; nunquam autem vidi, & exiftimo ab aliis nunquam vifurum iri corpora in teftas irrepifse mole grandiora, quam necefsario efse debebant, ut in unum ex foraminibus echinorum ingrederentur. Id comprobat, quod difrupta membrana illa fuper duo centra illarum teftarum pofita, aditum præbuit molli luto ingrediendi cum illis corporibus ei cafu obviam factis, quæ tamen per illa foramina intrare poterant.

III. Rem magis, magifque patefacient vertebræ, quæ undequaque reperiuntur iftis Melitenfibus non abfimiles. Obfervetur quæfo ipfas indicare locum, ex quo fefe laterales

les

les spinæ separaverunt ; neque hic sistendum est . Revocan-
da est in mentem alicujus piscis integra spina . Animadverti
vertebras illas , quæ e capite producuntur usque ad illius
loci terminum , qui interiora animantis inferius claudit , du-
plicare spinas instar costarum ; at in subsequenti spatio solo ,
ac unico spinarum ordine donantur , sicuti pars superior ,
quam nos dorsum appellabimus . Considerandum est tamen ,
quod aliarum unaquæque (exceptis spinis, quas costas nuncupabimus) & si duplicem in vertebra sortiatur originem , im-
mediate unicam tantum spinam repræsentat , verumtamen in
illis , quæ inferius costularum munus exercent , id non per-
cipitur ; per ipsas enim non transit nervulus ille , aut humor , seu aliud quodcumque sit , quod natura necessarium
duxit immittere per medias radices aliarum spinarum , quinimmo earum bases non parum distant inter se , uti videre
est in ejusdem tabulæ figura v. quam delineavi , ut hæc omnia clarius percipias . Ad examen modo vertebras petrefa-
ctas revocemus . Ipsarum nonnullæ monstrant , ut par est ,
locos , ex quibus avulsæ spinæ fuerunt , qui tamen sibimet
ipsis mutuo diligenter , & adamussim respondent , itaut illæ
obsignatæ numeris 11. 111. & 1v. vertebræ animalium quondam vivorum apparent eo loci positæ , qui pectori immine-
bat , alia vero obsignata 1. sit una illarum caudam versus
positarum .

 IV. Inter res illas (quarum partem in tabula xiv. &
xv. delineatam exhibui) in valle quadam vulgo dicta *dello
sperone* prope oppidum Varapodium in Calabria , decimo a
mari lapide , effossas deprehendi præter alia innumeras testas , species omnes dentalium , seu antalium in nulla penitus sui parte corruptorum ; opere pretium non est de eis
disserere ; eruditus enim Aldrovandus in tertio *de Testaceis*
eos ita nobis describendo exponit ex variis auctoribus : *Sil-
vatico vero* , inquit , *dentales sunt ossa satis alba , quæ
dentes caninos referunt , quibus tamen* , inquit , *longiores
sunt inanes intus & perforati , oriuntur in cavernis lapidum in profundo maris ; quidam dentale , & antale , non
forma , ut Brasavolus , nec aliter sed magnitudine tantummodo*

modo diſtinguunt . In Germania , inquit Zoographus , phar-
macopolæ Germani tubulos quoſdam oſtendunt veluti oſſeos ,
candidos , formæ teretis , ſtriatæ , una aut altera linea
transverſa inæquali ambiente , præſertim in minoribus ,
majores ad quatuor digitos non excedunt , longitudo non om-
nino recta , ſed modice inflexa eſt dentis canini inſtar : ſub-
ſtantia prædura eſt non oſſea ſed aliorum teſtaceorum ſubſtan-
tiæ ſimilis . Inferius vero inquit : *Valerius Cordus vocat en-*
talium , aitque eſſe teſtaceum quoddam marinum fiſtulæ modo
longum , & concavum foris ſtriatum , longitudine digiti
non transverſi , ſed ſecundum longitudinem , poſt marinos
æſtus inquit Braſavolus , ſuper maris littora inveniuntur .
Ego opinor me minime deceptum fuiſſe nominis æquivocatio-
ne , eadem enim prorſus ſunt , ac ab Aldrovando deſcripta ,
atque relata .

Ex verbis igitur præfatorum auctorum nos certiores eſſe
poſſumus , eos dentalia omnino inter teſtaceos adnumeraſſe ,
quæ oriuntur in cavernis lapidum in profundo maris , & ad
flumina non perveniunt niſi poſt marinos æſtus . Hinc ſicuti
ea affirmare non debemus in terra , ſeu in lacubus producta
fuiſſe , ita contra opinari debemus hæc in arva , & montes
Calabriæ una cum innumeris propemodum marinis rebus irrepſiſſe ob copioſiſſimas alluviones , ac equidem tales , ut
nullus ſuperſtes evaſerit , qui ſcriptis tradere tempus potue-
ric , in quo tale acciderit infortunium .

V. Quum vulgo craſſiores cancrorum chelas eorum ora
appellamus nobis ignoſcendum eſt , hoc enim apparet in Tab.
xix. figura 1. ubi quædam ex eis cernitur in lapidem converſa , quæ pondere , & copia corporum externorum compreſſa mordicus apprehendit quidquid ſibi obviam fuit , & nunc
etiam conchylium ſtriatum tenacius tenet ad ſententiæ meæ
confirmationem , & ad oſtendendum in rupibus Meſſanæ nullo modo hæc corpora nata eſſe .

VI. Saxum illud prædurum , de quo alias diſſerui , no-
vum mihi modo argumentum ſuppeditat, (a)non ſolum enim
pandit

pandit ſtructuram inordinate conflatam , coacervatim com-
plectentem oſſa multa animalium tibiis ſimilia , conchylia
modo ſimplicia , modo ſtriata , turbines caſu diſpoſitos , alia
quamplurima petrefacta , ac etiam non petrefacta conchylia , quod tu tandiu conſpicere deſideraſti , ſed etiam ad
cl riorem rei explicationem nonnulla adhuc ſervat parva
conchylia , quæ omni expurgata luto optime petrefactum
animal intus cuſtodiunt , apparentibus patenter neceſſariis
propriiſque illius membranulis . Id tamen doleo quod non
poſſum conſpiciendam exhibere ſaxi hujus formam adeo graphice delineatam , ut appareat illud , quod ex parva quadam præfati conchylii fractura littera A indicata detegitur ob
ipſius teſtæ pelluciditatem , nihilo tamen minus aliud addam,
cui evidentis rationis nomen dabo . Saxum idem perpendens , ac in fruſta diſſecans percepi conchylia multa ſui ipſius continentis materia eſſe referta , nonnulla B litera con-
notata ſemiplena , nonnulla penitus materia vacua , at ſuum
animal intus claudentia , ut jam dictum eſt . Semiplena B
conſtant , ſeu materia diaphana , & lucida inſtar chriſtalli ,
ſeu ſubobſcura , & turbida . Ego equidem neſcio , utrum ,
quæ pellucida ſunt, aqua plena fuerint pura,& concreta, quæ
ſubobſcura limo tenuiſſimo . Hoc tamen non ignoro utraque
conchylia ſuum ſedimentum in inferiori parte ad orizontem
poſitum monſtrare , quamvis in ſaxo quomodocumque com-
poſita . Id omne nos ad veritatem dignoſcendam adigit .
Præteribo pariter nitoris , & concretionis rationem , & modum , quamvis in eadem tabula multa hujuſmodi corpora
exhibeam , (a) quæque apud me ita nitida , & quaſi gelu
concreta habeo ex echinis turbiniſque , ut excogitare poſſis
cauſam , & corporum qualitatem , quæ talem pellucidam
concretionem producit . Sed alibi , & aptiore tempore dicam ingenue , quid de illis opiner .

VII. Corallium , uti Auctoribus placet , & nos aſſidua
edocent experimenta , certe quidem planta non eſt neque e lacu , neque e flumine eruta , ſed e mari , &
quidem valde profundo . Ego illorum branchias perbelle

---

a *Tab.* XIX. *fig.* 3. 4. 5.

le ramofas una cum echinis , conchyliis &c. commixtas in noftris collibus reperio , & coralliorum eorumdem partem in calcem redactam , fractamque , omnemque eorum fuperficiem decoloratam obfervavi ; intus vero (in fragmentis tamen craffioribus) fervatur adhuc tinctura quædam purpurea , quod nos reddit certiores , partem illam rubro fuiffe colore fuffufam , uti omnia corallia ejus fpeciei . Ex quo fit evidens , tempus illorum corruptionis caufam fuiffe , præterea accidentia , locique naturam , non autem hæc inftar maris ea procreaffe ; nihilominus tantam inter eorum diffractam quantitatem ramum integrum , ac fatis bene a temporis injuriis cuftoditum mihi feligere contigit , quem tuæ confiderationi fuppono .

VIII. Colles hi noftrates non exhibent nobis tantum confpicienda corallia communia femifracta , (a) ac ferme in calcem converfa , fed etiam alia non pauca fiftulofa primoribus tamen magis deformia vitio propriæ , & naturalis compofitionis , minus fcilicet firmæ ; nihilominus aliqua ufus diligentia ex quodam thophi fragmento branchias quatuor evellere datum eft , quæ priufquam ita vexatæ fuerint, unicum fiftulofi corallii ramum efformabant , quod ad rem noftram peropportune collimat . Eæ enim branchiæ apprime inter fe connectuntur , uti videre eft , atque fimul confiderare poteris configurationem ftellularum , (b) necnon confiftentiæ difcrimen ab alia fuperius allata , & omnia cum marinis coralliis bene convenire intelliges , ex quo arguitur etiam hujus generis corallia quondam extitiffe .

IX. Non inficior aliquandiu me in eam iviffe fententiam, quæ ftatuit ea corpora , quæ inftar tibiarum animalium intus lapidea effe comperimus , offa fuiffe , aft id a vero abhorret , & palam fateor ; hæc enim articulati corallii fragmenta funt , ad cujus probationem ramum quemdam perbellum fas fit in medium proferre , (c) quem ex fruftis uno ab altero haud longe diftantibus in topho repertis compofui , eumque differtiffimi Imperati ductu enucleavi . Illum igitur

ad

---

a Tab. xx. fig. 1.   b Tab. xx. fig. 2.   c Tab. xxi. fig. 1.

ad examen una revocemus *Corallium* inquit , (ª) *nodosum*
vocatur , quod nodis inflar articulorum , qui in animalibus
funt , fcateat . Vegetat fcopuli adhærens , ac ramofum in-
flar cęterorum coralliorum eft ; conflat autem partibus , quæ
fimiles animalium cruribus apparent , atque inter fe jungun-
tur articulis valde cavatis . Diligenter id quod dicit de coralliis montanis perfcutemur : *Sunt igitur hæc frufla for-*
mæ ræctæ nodofa in capitibus , & flriata per longum in fu-
perficie ; ufque modo nullum adeft difcrimen denfioris fub-
flantiæ , & albæ , perforata unico , & recto , fed exili
meatu in ima parte medullæ , quæ a radice initium ducens
per omnes ramos diffunditur . Id clare in ramo ipfo confracto
A B C intuemur . *Diffolvitur unumquodque os evidenter ,*
quod ad ejus craffitiem , in plures tunicas . Id eft luce meri-
diana clarius . (ᵇ) *Vi percuffionis facili negotio finditur per*
longum . In ipfifmet coralliis præter partes prædictas ; quæ
pro offibus funt , & quæ ubi junguntur, habent corticem cra-
ffiorem , colore album , fubflantia vero corallina , qui con-
tinenter totam plantam veflit . Hoc autem in præfente noftro , de quo agimus , corallio , oftendere non poffumus ,
quod quidem optimam præbet conjecturam ; tempus enim
externam ejus partem corrofit , quam Imperatus corticem
appellat,quæ uti in cęteris coralliis effe debebat tenerrima, &
corruptioni facile obnoxia , ideoque fieri ferme non poteft ,
ut integer ramus aliquis reperiatur ficut in aliis . Ille tamen,
qui , ut dixi , ftuqebit colligere , & unire proximiora fragmenta , quæ in topho inveniet , poterit illum componere ;
haud difficulter enim connectentur , cum ex eodem ramo illa
ceciderint . Addam folummodo , quod fi ramus ille corallii,
quem refert Imperatus , ortus eft , & eductus e mari prope
infulam Majoricam , hic tamen in noftris collibus repertus ,
quamvis ignotam pene habeat originem , & unde in hanc
terram pervenerit ignoretur , figna tamen evidentia præfe-
fert , multa perpeffum effe , & alibi quam ubi effodi , &
unde fuftuli , fuiffe productum .

X. Si

a *Imp. Hifl. Nat. lib. 27.*   b *Tab. xxi. fig. 2*

X. Si olim de tuæ sententiæ veritate dubitavi, quod in aliqua horum collium parte vidi præter magnam rerum varietatem, & corporum permagnam commixtionem, faxum quoddam, quod fimul continebat conchyliorum fragmina unumque integrum conchylium, necnon pifcis fpinam, ac nonnulla etiam nodofi corallii frufta, quæ tunc temporis animalium offa reputabam, infuper cujufdam conchylii partem, quod Aldrovandus imbricatum appellat, aliaque fragmenta hujufmodi, nullo nunc pudore fuffundar fi in contrariam ibo fententiam ;· nonnulli enim a me effoffi lapides ad hoc me impellunt. In eorum examine aliquantulum immoremur, (ᵃ) poftquam marini hyftricis formam enarraverimus. *Marini hyftrices in profundis pelagis inveniuntur*, inquit Imperatus. Aldrovandus vero : *echinus e mari Rubro aculeis longiffimis*, (ᵇ) illum nos hyftricem appellemus, ne inter loquendum cum aliis echinis confundatur, alii autem aliter illum vocent. In profundo mari reperitur, non tamen in folo mari Rubro, in Sinibus enim Siciliæ pifcatur, & fi raro ob difficultatem, quam in hujufmodi pifcatione experimur, nihilominus fumma cura adhibita nonnullos accepi a pifcatoribus, quos circumfpiciendi, ac obfervandi quantum libuit, commoditas fuit, & fortaffis accuratiori præ cæteris ftudio, ac diligentia. Animadvertas quæfo integrum hyftricis corpus hoc in quinque dividitur æquales partes, quarum unicuique duplex ineft fpinarum ordo plus minufve protractarum, ac tali modo conftitutarum, (ᶜ) ut una alterius motui non officiat : circum fingula fpinas aliæ vifuntur minores fpinæ, quæ longiorum fpinarum numero feptuaginta radices tegunt. Hujufmodi tamen fpinarum tricis exutus ad accuratius poterit examen revocari, videbimus enim ejus partes invicem fecum unitas, (ᵈ) ac eleganter cohærentes, quarum futura proportione quadam gyrat & magis minufve inclinatur fecundum modum, quo opus eft ad proximæ partis ipfius animantis ftructuram. Hæc quatuordecim parvis orbiculis conftat non tamen æqualibus, qui puncto

I

quo-

a *Imp. De Hift. Nat. circa finem.*   b *Aldov. De Teftaceis l.3.*
c *Tab.* XXI. fig. I.   d *Tab.* XXII. *fig. 2.*

quodam inſtar umbilici , ſed elevati in eorum centro ornan-
tur ; totum autem corpus in quinque ſectores dividitur . In
eorumdem orbiculorum medio nonnullæ viſuntur mamillæ
proportionales illorum circumferentiæ magnitudini , (ᵃ)
ſuper quas quaſi ſuper cardines ſpinæ ipſæ circumaguntur certis adnexæ menbranulis , (ᵇ) quæ ſpinas circumdant . Hæc
prorſus eſt ratio , qua una ab alia parte ſecernitur , & ſpina
a ſua mamilla , quotieſcumque membranulæ corrumpuntur ,
laxatur .

Ad lapides modo gradum faciamus , (ᶜ) eademque ratione eos conſideremus . In horum primo , qui ex variorum
corporum ſolutorum congerie conflatur , ſeſe offert inſpi-
ciendus echinus integer ſpinis exutus A , parvum conchylium B , & unus ex quinque ſectoribus marini hyſtricis C .
In ſecundo , qui tophus eſt mollior , parvus etiam adeſt
echinus compreſſus D , atque alterius hyſtricis teſta pariter
compreſſa F , & nonnulla ſtriatorum conchyliorum fragmenta , & ſpinæ quamplures inſtar perbelle ſtriatarum collumel-
larum in eodem topho diſperſæ caſu . In lapidis echino nihil
immoremur , etſi ad rem plurimum faceret , neque pariter
animadvertemus eum conchyliorum fragmentis cęteris quidem magis conſervatis refertum , ſed aliquantiſper in ea hyſtricis parte C fig. 1. ſtructuræ ſeriem perpendamus , ac
quam eleganter ſeſe protendant , ſuamque figuram gradatim
imminuat , ut ea ad centrum collimet , & circumferentiæ
polos in capitibus deſignet . Hoc porro ſufficeret , ut ſatis
ſuperque deſtrueretur illorum opinio , qui autumarunt lapides mammillarum præditos configuratione Tab. xxiii. figur.
3. ſemper fuiſſe lapides .

Sin autem hoc ſatis omnino tibi fiat , videas ſequentem
delineationem Tab. xxiii. fig. 2. quæ partes omnes , ſed
confractas hyſtricis continet , quas eaſdem prorſus eſſe re-
peries , ego enim inſuper tibi oſtendam etiam integrum , &
bene ſervatum petrefactum hyſtricem , caſu quodam ad me
delatum ; ex hoc autem certior ſum , me tunc non fuiſſe
de-

ᵃ *Tab.* xxii. *fig.* 3.　　ᵇ *Tab.* xxii. *fig.* 4.　　ᶜ *Tab.* xxiii. *fig.* 2.

deceptum , cum tale autumarem omni procul dubio esse debuisse integrum animal ex sola frustuli ipsius testæ petrefactæ
inspectione , quæ duas tantum mammillulas , ut dixi , continebat . Perpendas illum quæso , hic sane hystrix est , si
tamen fidem oculis habere velis ; (ᵃ) ac simul inspicias lapidem alium in insula Melitensi repertum, non tamen absimilem
cęteris marinis , ac nostrorum collium jam observatis . Et
quum ambigendum non sit , collumellas in topho illo Tabulæ xxiii. dispersas , & paulo ante commemoratas spinas esse
e proxima ipsis testa collapsas , sicuti est illa , quæ in præ-
senti Tabula in figura 2. cernitur litera A , ita idem prorsus
dicendum est de bacillis vulgo *S. Pauli* nuncupatis , cum
manifeste pateat spinas esse hystricis aut corpore , aut specie
hisce nostris majoris . (ᵇ) Statuendum igitur est , minime
fieri posse , ut Natura ita inepte colludat , & modo unam ,
modo duas, modo plures animalis partes e saxo conflet , ac
ejus spinas producat intra rupes , ac maltham .

Quid plura ? petrefacto illi animali tot ii sunt mammillæ,
quot etiam super eas spinæ , ut in illo marino infixæ esse deberent . Eodem quoque penitus ordine , eademque ratione ,
qua partes testæ marini animantis disjunguntur , corruptis
illius nexis , sive articulis , eodem pariter hæc omnia eve-
niunt in hystrice lapidescente . Præterea & spinæ , & cęteræ
partes utriusque tam marini , quam saxei ipsissimæ sunt . Uno
verbo , iidem prorsus hystrices sunt non minus externe ,
quam interne . Petrefactus enim in Tabula xxiii. figura 2.
necessarium ostendit vestigium unius ex capitibus in F . Sicut
enim videri potest in Tabula xxii. figura 4. littera G , quæ
testam marinam repræsentat , qua in parte fuit hystricis os ,
quod a communi , & in aliis echinis observato non differt ;
evidens porro argumentum est non autem conjectura , olim
petrefactos hystrices non solum in mari , quin immo in illius
ima parte vitam naturaliter egisse .

XI. Ex eo quod dicturus sum , percipiemus , si veritatem persequamur , observationes , & experimenta omnia

I 2   in

ᵃ *Tab.* xxiv. *fig.* 2.   ᵇ *Tab.* xxiv. *fig.* 3.

in illam collimare , ficuti omnes lineæ ad centrum confluunt .
Nos eumdem videbimus apprime fervatum ordinem inter
echinos marinos , ac petrefactos , quem videmus inter hy-
ſtrices . Corpus omne , quod in lapidibus reperitur , ne
hilum quidem diſtat ab animali marino ejuſdem ſpeciei . Id
videamus , breviter tamen , in echinis maris , potius enim
nobis ad majora properandum , quam inmorandum in eo ,
quod unicuique experimentis innoteſcere poteſt . Echinus
enim marinus in fluviali aqua aliquandiu poſitus partium figuram , teſtam ejus conſtruentium , oſtendet , eadem prorſus facilitate , ut de hyſtrice diximus ? quamobrem partes
marini echini , ipſiuſque ordo juncturarum , cum compreſſo,
& petrefacto echino poſſunt comparari , ut ego pluries feci .
Lis enim penitus dirimitur , (ª) quum videmus petrefactum
hyſtricem hyſtrici marino , & marino echino lapideum echinum
figura , & partibus , ac omnibus denique affectionibus penitus
aſſimilari . Dicam inſuper , quod cum quemdam ex his in molli topho petrefactis echinis aquis purgaſſem ima parte ſpinas
reperi parvas , quæ de ejus teſta deciderant . Quæ porro eſt
hæc tanta ſimilitudo ? niſi quod hic quoque in mari vitam ege-
rit ? Ad alia experimenta progrediamur . Perpendas quæſo
hunc ſpatagum , (ᵇ) qui , & ipſe degit in maris profundo ,
fuitque in eadem _Speronis_ valle una cum id genus aliis repertus Ipſe talis eſt , ut meme ad eamdem vallem impu-
lerit , ut viderem , ex eaque effoderem res ad omnium ſtu-
dioſam curioſitatem explendam prorſus idoneas . Intellexi
enim illam terram tali eſſe præditam natura , ut fere incor-
rupta corpora potuerit ſervare . Si non omnes , pleraſque
ſaltem ipſa ſervavit ſpinas . Quare ad echinos , quos in rupibus videmus , redeuntes , graviſſimum deſumere hinc li-
cebit argumentum , quod poterit meam confirmare ſententiam . Ego ipſe animadverti , atque alii mecum emunctæ
naris viri , echinos omnes , atque cetera hujuſmodi corpora compreſſa fuiſſe a puncto compreſſionis per lineam perpen-
dicularem , ſed , ut clarius loquar , materiam , quæ echinum

ª _Tab._ xxv. _fig._ 1.   ᵇ _Tab._ xxv. _fig._ 2.

num circumdat, duo habere centra unum contra aliud. Dico igitur cum aliqua rupes fciffa eft, quoties plures ibi echinos offendi, vidi echinos, qui in latera jacebant, ita fractos, ac ita eorum compaginem diffolutam fuiffe, ut circularem formam amitterent. Illi vero, qui ita locati fuerant, ut unius centrum alteri centro perpendiculariter infifteret, compreffi fuerunt eo pacto, ut pars fuperior conjuncta fuerit inferiori, & in latera crepuerint. Ceteri autem, ut fitus eorum, quo permanferant, requirebat, difrupti funt. Illos delineandos curavi, coarctando tamen intervalla inter ipfos exiftentia, ut eos poffem in una tantum pagina circumfcribere, idque fufficit, ut robur veritatis dignofci poffit, quæ nos plene fuadet, quod exiccato limo fuperinfidens pondus gravavit perpendiculariter, (a) & compreffit ab A in B corpora omnia, quæ intus aderant fecundum illorum cafualem pofitionem, partim tantum teftis ipfis fervatis, quas lutus, quem in fe continebant, defendit, alias enim magis alias vero minus tutavit, ficuti compreffionis effectum in eifdem corporibus varium infpicimus

Id omne cum ceteris omnibus evidentibus rationibus tandem me cogit conchylia, echinos, hyftrices, dentes, qui gloffopetræ nuncupantur, vertebras, corallia, poros, cancros, fpatagos, turbines, aliaque pene innumera hujus generis corpora, quæ nonnnulli puram putam autumarunt lapideam generationem, ac Naturæ ludum, non folum animalia, & corpora illius individuæ fpeciei fuiffe, fed corpora, & animantia vere marina in terram cafu aliquo jactata una cum materie, quæ ea continebat (quam modo aut in collibus, aut in montibus ex fimplici arena; five ex maltha, five ex topho five denique e faxo conflatis, congeftam infpicimus) quæ materies, ut jam oftendi, etiam aliunde advenit, fed ex illius diutina in eo loco ftatione creditur indigena, quinimmo una cum ipfo continente ibidem creata ab ignaris rerum, & miræ divini Opificii rationis. Mihi tamen ne vitio vertas, velim, quod abftractas rationes abiiciens, & rerum

a *Tab.* XXVI,

rum folummodo experimentis inhærens res adeo fublimes,
ac tanti momenti pertractaverim, nam, ut verum dicam naturali quodam inftinctu contemplationes averfor, neque adeo
fublimi intellectu opus effe opinatus funt in illis differtatio-
nibus, quæ ad illius veritatis cognitionem intendunt, quæ
folo fenfuum ductui innititur,

    Quid majore fide porro, (ᵃ) *quam fenfus*, *haberi*
    Debet? &c.

Sufficit mihi cognofcere, corpora, objectum noftræ
difceptationis, in Muforrima reperta, & in Valle *dello Spe-*
rone nuncupata, quinimmo per totam Calabriam, in collibus Meffanenfibus, ac per totam infulam, & in Melita
quoque, feu alibi, veras fuiffe teftas, aut partes, aut
formas a veris animantibus, quæ quondam in mari dege-
runt, productas, ob patentem cum ipfis fimilitudinem, ac
loci circumftantias, in quo eas hac tempeftate videmus.
Quod fi alii hoc negligere velint, & potius inquirere, utrum
Natura in terra producere poffit faxeas animalium configura-
tiones omnino fimilium, quinimmo ejufdem fpeciei cum illis, quæ in mari vitam ducunt, ac in mari res in terra gigni folitas, & ex hac debili conjectura colligere contra tot
experimenta, id omne ibi natum effe, ac ex faxea materie
in prima fui formatione fuiffe conflatum, credant fane,
dummodo me quoque ad id affirmandum non cogant, fed
me prius fuadeant validis, ac firmis rationibus, & experimentis ponderis omnino ejufdem, productionem rerum hujufmodi in lapidibus, ac in terræ vifceribus fieri, doceant-
que rationem; qua ad id Natura utitur; fed hoc opus hic
labor erit, ipfa enim Natura apud Plutarchum fub forma
Ifidis ita loquitur: (ᵇ) *Fgo fum om e*, *quod extitit*, *eft*,
& erit; *meumque peplum nemo adhuc mortalium detexit*.

    Ineft nobis, ut pluries dixi, intellectus facultas fuis
circumfcripta limitibus, nobifque fat effe debet, ea fragmenta marinorum animantium partes reputare, cum tales
effe partes oculi ipfi noftri experiantur: *Simile enim fimili*
                                   nof-

---

a *Lucret. libr. 4. v. 485.*   b *Plut. de Ifid. & Ofyrid.*

noscitur , quia omnis notio rei notæ est similitudo . (ᵃ)
Quod vero in terra reperiantur , conjecturæ nobis desumen-
dæ sunt a loci ipsius qualitate , eorumque causam inquirere
majori , qua fieri potest probabilitate . Non amplius quæso
in posterum a me postules , ut statuam , possit ne tale quid-
piam a Natura fieri an non , & si fieri possit , utrum id fecerit , & qua adhibita ratione , id enim fateor penitus me
nescire , neque ad disquirendum idoneum esse , at idoneus
fieri cupio non auctoritate , sed ratione . Id consilii mihi est ,
quo si utar nemo me reprehendet , quum pictor non philoso-
phus credi studeam . Unum addam lapillos , qui *S. Margaritæ* vulgo nuncupantur , effecisse , ut ea abjicerem , quæ
paraveram ad inquirenda corallii exordia , & incrementa ,
quod mihi gratissimum adferebat oblectamentum , ut illud
ad parumper intermittendum numismatum studium aliquando
selegerim . Dico igitur præfatorum lapidum compagem fuisse in causa , ut dubitarem ipsos aliud , quam purum esse
lapidem , in ipsis enim talem cerno efformationem , ac co-
hærentiam , quinimmo imaginem ipsam animalis in testæ ori-
ficio , ex quo ea mihi videntur ova potius , seu animantia
contracta , vel nondum perfecta . Si ita se res habet , argumentum erit , uti existimo , ad idem penitus adfirmandum
de pluribus similibus operculis , ac fortassis idem dicendum
erit de pretiosis margaritis . In harum investigatione modo
immoror , quæ a multis leguntur , ob nescio quam , præcipuam virtutem ad infirmitates oculorum averruncandas , &
inordinate nonnullas coëgi observationes , quas paulatim expediam , atque ut , qua ratione id faciam , scias , hujus
meæ historiæ , seu opellæ nonnulla capita exponam : hæc
itaque sunt .

    I. Animadverti horum lapidum turbinatorum opercula
in substantia , ac configuratione diversificari , secundum varietatem substantiæ , & figuræ testarum , in quibus fuerant
animalia illa , quæ ea opercula produxerunt .

    II. Eorum turbinatorum , quorum testa multis est tu-
nicis

a *August. Steuch. de perenn. Philosop. libr. 1 . c. 23.*

nicis circumducta , operculum pluribus pariter tunicis abundabit , illorum autem quibus lapidea testa est , lapideum etiam , & obduratum erit operculum .

III. Hyeme tota , ac non modica veris parte ipsi turbinati non capiuntur , præsertim , quibus est operculum *lapis sanctæ Margaritæ* nuncupatum .

IV. Præfatorum turbinatorum operculum non semper quidem ejusdem mensuræ videbimus , modo enim subtilissimum , ac tenuissimum , modo autem magis auctum , ac immodice expansum .

V. Opercula illa , quæ mense octobri e mari ejiciuntur , ut plurimum inflata , ac fermentata apparebunt , hoc posteriore termino utor , quum sæpe sæpius viderim , quando ipsa ad talem pervenerint magnitudinem , non tantum quamdam ipsis inditam ammittere claritatem , sed etiam nativum calorem , ac si ova essent incubata .

VI. Præfati lapides in augumento , quod desuper indicavi , non crescunt in latum , sed sua extendunt volumina in longum eo modo , quo excrescere debent ad constituendam integram animalis figuram , quam antea quasi anaglypticam perfecte ostendunt .

VII. Opercula ipsa ad debitam mensuram inflata non tantum configurationem , sed colorem quoque induunt testæ illius animantis .

VIII In operculis parvorum animantium ejusdem speciei , quæ etiam ipsa minima sunt , eadem penitus observavi ; atque ex illis nonnulla parva vidi ejusdem circumferentiæ , complanata parumper , inflata , & crassa .

IX. Nullo unquam tempore aliquod reperietur animal , quod operculum habeat , de quo sermo est , magis crassum, vix enim ad certam quamdam magnitudinis mensuram pervenit , quum alteri , quod recenter gignitur , locum cedit .

X. Delineatio , vel linea illa spiralis exterior dictorum operculorum , quæ animal repræsentat , non est pura extrinseca configuratio , sed corpus ipsum penetrat , in quo se se colligit , & in gyrum sese deinde expandit , ea ratione , qua possit animal delineare .

XI. Li-

·XI. Linea ipfa fpiralis tam intra, quam extra in varia volumina complicatur, quantis animal ipfum propriam te-ftam componit.

XII. Pluribus fractis operculis microfcopii ope in eis vidi variam fubftantiam voluminibus complexam, quæ varia conflantur materie, alia ad carnis, alia vero ad teftæ produ-ctionem pertinente, ut mihi vifum eft.

XIII. Non modicam concepi felicis exitus fpem in hoc inceptu, quum noviffime acceperim a Domino Carolo Fra-caffato publicæ hujus Academiæ Lectore primario, homine quidem fumma prædito eruditione, ac doctrina, lineam il-lam fpiralem a fe confideratam fuiffe tanquam neceffarium in pullis gallinaceis initium generationis ovorum, quum ex ea-dem fpirali linea in animalis exordio animalis ejufdem quæ-dam conglomeratio efformetur, quæ a permagno quidem, ac fapientiffimo Harveo in fuo de generatione animalium libro, *galba* nuncupatur. Hæc obfervatio fatis digna tanto, ac tam celebri viro, ut fuperius dixi, præclarum mihi fuppeditat ad hanc rem lumen. Hæc funt nonnulla ex illis capitibus, fuper quibus laborare non omitto. Tu vero aut des meis commen-tis veniam, ac ingenuo amicorum more me commoneas, aut mihi animum addas frequenti auxilio tuo, me enim tantis benefactis perpetuo devinctum intelliges. Vale.

K

Fa-

FABII COLUMNÆ LYNCEI
DE GLOSSOPETRIS
DISSERTATIO

Qua oſtenditur Melitenſes linguas ſerpentinas, ſive gloſſope-
tras dictas, non eſſe lapideas, ut quidam aſſerunt, ſed
oſſeas, & charchariæ, lamiæ, ſive canicularum, & ſi-
milium dentes maris æſtu olim terra tenui, & lutoſa ob-
rutos. Plurima interim de figuris lapidum, oſſium geni-
tura, gigantum byſtis, ac oſſibus, maris, & terræ mu-
tationibus, teſtis ſaxo incluſis adducuntur, ac exponun-
tur. Lapideorum ſungorum natura declaratur, & nova
ſpecies proponitur.

ITUNTUR quidam, arcanis Naturæ in medium adductis, omni reſponſione ſeclu-
ſa, linguas ſerpentinas, aut gloſſopetras
(ſic illas appellant recentiores) quia
non ſolum locis mari propinquis, & in-
ſulis, ſed etiam longe diſſitis copioſe reperiri traduntur, ab ipſa formatrice natura ſic genitas, atque lapideas eſſe, vel
qui dentes eſſe dicunt non carchariæ, la-
miæ, malthæ, aut ejuſdem generis cetaceorum, ſed illis
ſimiles, ſponte ſic ortos, quin etiam id tantum Naturam
produxiſſe eo loci, quod ratione materiei aptum erat ad
formam illam recipiendam affirmant. Hoc argumento in dubium revocare videntur, an unquam locis illis mare fuerit,
quod probatiſſimi antiquiores Philoſophi, & Hiſtorici affir-
marunt. Nos quidem dicimus, hujuſmodi concretionem non
eſſe lapideam ex ipſo aſpectu, effigie rei, & tota ſubſtantia; ac neminem cenſeaus tam craſſa minerva natum, qui
ſtatim primo intuitu non affirmarit, dentes eſſe oſſeos non
lapideos. Sed præter aſpectum omnia, quæ ligneam, oſſeam,

& car-

& carneam naturam habent , uftione in carbonem prius abeunt , quam in calcem , aut cinerem . Ea vero , quæ tophacea , vel faxea funt natura , non in carbonem , fed in calcem abire , nifi liquentur propter vitream , aut metallicam mixtionem . Cum igitur dentes hi ftatim affati tranfeant in carbonem , & tophus adhærens , minime ; clarum erit offeos effe dentes non lapideos . Addenda eft fibrofa intus compactio & porofa , & externus lævor ab interna materia varius , & exacta dentium effigies lamiarum cum ipfa radice , quæ omnia offeam naturam declarant . Nullus quidem lapis , aut gemma , quod viderimus , lævi fuperficie , & figurata naturaliter reperitur nifi chryftallinæ , & fimiles concretiones , quæ nitri , aut falis modo fint concretæ , quarum effigies angulofæ cafuales ex natura fucci , non ad idem figurandum tendentes , ut funt hujufmodi dentrum figuræ , ad quas exacte perficiendas Naturæ conatus obfervatur . Nec ut de cryftallinis , & nitrofis , quibus evenit angulofa fuperficies in ipfa humoris contractione , ita dici poteft de his dentibus , atque ab initio eadem magnitudine fic fuiffe procreatos qua effodiuntur . Nam dentibus his incrementum ex radice ipfa , non coagulatione humoris in corpus folidum , fed per foris emiffionem , & vegetam naturam acceffiffe paulatim videretur dicendum , quemadmodum in animalium dentibus , cornibus , & unguibus obfervatur , quæ omnia ab radice , & ex auctivo excremento magnitudinem affequuntur longo temporis intervallo intercedente ; fecus vero in lapideis , cryftallinis , & nitrofis rebus , quibus in ipfa concretione perficitur magnitudo , & effigies : & hoc dato , quod dentes hi dicantur fimiles (non ex lamiarum maxillis detritis reliquiæ , ut vere funt) quod expreffe negatur   Nec etiam unquam obfervatum eft inter fubterranea , & foffilia , offea fpecie individuum aliquod naturam abdidiffe , quod fponte vigeret , nifi ex cadaveribus , ut funt dentes hi , offa alia teftacea , & fimilia , quæ cafu obruta reperiuntur ab immemorabili tempore abfcondita ita , ut quædam cum ambiente terra in lapides fint immutata. Falfum omnino eft offa in terra effe geninita , ut Plinius ex Teophrasto , refert ; non enim Natura quid frustra facit, vulgato inter Philosophos axiomate , dentes hi frustra essent , non enim dentium usum habere possent , nec testarum fragmenta tegendi , sicuti nec ossa ullum animal fulciendi . Dentes sine maxilla , testacea sine animali ; ossa unica (nonnisi omnia conjuncta cum ipso animali) in proprio elemento Natura nunquam fecit , quomodo in alieno nunc potuisse , & fecisse est credendum ? Ossa enim ex eodem seminali excremento ortum habere simul cum animali ipsa experientia , & natura docuit tam in homine , quam in aliis. animalibus sanguine præditis , & ex semine initium habentibus , ac etiam quibusdam aliis ; quomodo in subterraneis , terrestribus semen hoc inveniri asseritur ? qua experientia ? Hoc si daretur , & hominem sponte oriri esset observatum , vel alia animalia , ut bos , equus , & similia , quod quantum sit dictu abhorrendum , & contra naturalem observationem satis patet , sicuti quæ fuerunt a Goropio dicta de ossibus humana specie enormibus sub terra inventis , quæ gigantum fuisse vana hominum ingenia credidisse asserit ; & nos addimus tempore Catharinæ Pellegrinæ nobis Aviæ in Abellino agro , cujus domina fuit , repertum sepulcrum lateritium , in quo maximi hominis cadaver osseum erat , cujus tibiæ quatuor pedum longitudinem æquabant , illarumque unam diu servasse , veluti rem enormem , ac insignem , quod illa non semel domesticis , atque exteris asseruit nobis adhuc pueris , & ignaris literarum . Puteoli quoque non pauca gigantum ossa conspici asserit Scipio Mazzella , additque Pomponii Læti carmina de illis , ac etiam multa de gigantibus ab antiquis dicta in libro Italica lingua de Puteolorum antiquitate . Omittimus, quæ alii & Plinius recitant, sed addere volumus in Siciliæ frequentissima ossa gigantum reperiri, velut incolæ insulæ fuerint antiqui illi viri præsertim Panormi , ut testatur doctissimus , (a) & clarissimus vir D. Marianus Valguarnera in libro de origine , & antiquitate Panormi impresso anno 1614. in eadem civitate Panormi , in quo

---

a *Libr. 7. c. 16.*

quo doctiſſime agit de illorum ætate , & ſtatura , ſive magnitudine .

Sed quid dicendum de enormiſſimo Gigante a Jo. Boc-
catio relato in cap. 68. Genealogiæ Gentilium Deorum , cujus dentes adhuc in Eccleſia D. Annunciatæ Drepani in Sicilia extare ait , & pondere centum unciarum eſſe , & quod
etiam vix credibile mea ſententia , tota Gigantis ſtatura du-
centorum cubitorum fuiſſe ?

Quare nos oſſa , quæ reperiuntur hominis oſſibus , vel
alterius animalis paria , non ſponte , ſed olim obruta , &
aliquando eadem cum ipſa terra ambiente , poſtmodum in ſaxeam ejus loci , vel aliam naturam ejuſmodi converſa . Sed
ad dentes redeundo negatur , quod intra ſaxa , vel tophos
hujuſmodi dentium materiei aptitudo inveniri queat , locis
præſertim aridis tophaceis, cum talis materia excrementitia ,
& nutritiva potius ex aliquo viventi animali , proficiſci debeat , quam intra terram quærenda , ut ſupra diximus , &
ſic deficiente materia pro ipſo animali , cujus dens vel os ,
aut teſta ſit , nec dentem , nec os , nec teſtam oriri poſſe
eſt aſſerendum   Attamen permiſſa ſpontanea vegetatione
quærendum eſt adhuc , an dentes hi ab initio ſponte ſic fuerunt geniti , vel intra tophos paulatim acceſſit magnitudo ,
ut ſit in animalium dentibus , quorum æmulantur ſpeciem ?
Si dicatur ſic genitos ; inſtabimus , fuit ne tophus , ex quo
extracti fuerunt ante concretus , vel poſt dentium perfectio-
nem . Si tophus ſit ante genitus , quæritur ; erat ne locus
in topho dentis illius effigie , ac magnitudine ? an dens ipſe
ſibi locum paravit ? & quidem ſi tophus erat ante concretus , & ſine cavitate , non poterat vis vegeta dentis exo-
rientis in topho jam duro , & ſolido ſibi locum per vim
facere : & ſi vis ineſſet , ſcindi opportebat tophum ; & ſi
locus erat prius in topho , reſpondetur , non ex vegeta natura dentis ipſius in topho effigiem illius excavatam , ſed
tophum ſua natura , & cavitate præcedenti formam den-
ti præbuiſſe . Si vero dicatur paulatim vegetaſſe , & excre-
viſſe , negabitur eadem ratione antedicta , ſcilicet , quia
tophi durities non ceſſiſſet virtuti vegetabili , ut reciperet

ſifignum dentis ; fed potius fciffuram perpeffa fuiffet : aut quod potius tophus vegetaffet uterum dentis effigie geftans , in quo humor offeus per poros penetrans , uteri cavitate repleta per coagulationem , deinde illius effigiem accepiffet , ut in lapidibus ex fluore ortum habentibus obfervatur . Negatur utrofque vegetaffe , cum omnium dentium , quos viderimus , bafis , five radix fracta reperiatur , non uniformi fractura , fed varia in omnibus . Quod argumentum non parvifaciendum declarat , non adfuiffe vim vegetandi ficuti in aliis foffilibus figuratis obfervatum eft , quæ nunquam in illorum matrice mutilata reperiuntur , & natura illa forma trix in his defeciffe videretur , cum femper in reliquis foffilibus genera , & fpecies uniformes integras , nec fractas reddere foleat . Nec intra tophos cafu aliquo fractas radices , aut dentes fuiffe , fi dicatur , eft credendum ; cum potius effet affirmandum cafu obrutos fuiffe , & in ipfa obrutione , tunc ex maxillis animalium fractos decidiffe , cum antea integri in ipfis maxillis fuiffent geniti , & deinde varie juxta cafum , & allifionem mutilati . Negatur etiam intra tophos potuiffe hos dentes humoris denfatione fieri tam rationibus antedictis , quam etiam quia fruftra illos Natura feciffet tam eleganti fpecie ferratos , nitidos , acutos lamiarum dentibus pares , nec ad ufum illorum aptos , cum aliorum fententia proprium cenfeatur vegetabile individuum naturæ; quam ut verius eft pars , & inftrumentum animalis individui fenfitivi , nedum vegetantis ad ufum voracitatis explendæ genitum . Ad hoc affirmandum adducimus aliam obfervationem , quæ a Natura inaniter effet elaborata , nifi vere dentes non lapides , & pars animalis demortui fuiffent : Variam nempe humoris electionem , ut aliam in radice dentis , aliam in dente interno , aliam in fuperficie dentis fecerit : Variam etiam dentium formam , habitum , & aptitudinem , nam alii dentes ex tophis excepti , quos habemus , magni & latiores funt , & trigoni fere , alii anguftiores , minores , & alii minimi angufti , qui pyramidales , alii recti , alii prona parte incubi alii fupini , alii in dexteram inclinati , alii funt ferrati exiguis dentibus , alii magnis ferraturis , quod in minori.

noribus triangulis obfervatur , & interioribus , alii nullis , quod in anguftis piramidalibus , quæ omnia in lamiarum dentibus ab auctoribus obfervata reperiuntur, a pifcatoribus , & naucleris obfervantur . Primi ordinis dentes extra os prominent , & in anteriorem partem inclinati proni confpiciuntur : fecundi ordinis recti funt præfertim ad latera oris , ubi trigoni , & latiores : reliqui ordines in interiorem oris partem fupini procumbunt . Hæc omnia , qui obfervarit , quod facile pluribus confpectis dentibus erit , vera effe , quæ modo retulimus , affirmabit , & poftea dentes fuiffe cum maxilla genitos non autem fponte vegetaffe intra tophus dicat , quod quifque recentes lamiæ dentes , fi ejufdem , aut etiam minoris magnitudinis in maxilla adhuc hærentes comparabit , ipfos eruendo , & frangendo etiam interna eadem effe fubftantia , materia , & compactione inveniet , ac fi nequeat habere , Imperati noftri Mufæum adeat , & integras lamiarum cum dentibus fimilibus obfervabit . Quod autem olim fupra montes omnes mare fuerit , aut faltem ab hominibus , tunc viventibus occupatos , nen folum facra Scriptura Chriftianis id affirmat ; fed aliis Ariftotele , cæterifque Philofophis , Hiftoricis , aliifque Scriptoribus idem teftantibus fufficeret , itemque a Poetis , & inter cæteros Ovidio , qui ait :

> Vidi ego , quod fuerat quondam folidiffima tellus ,
> Effe fretum : vidi factas ex æquore terras .
> Et procul a Pelago conchæ jacuere marinæ , (*)
> Et vetus inventa eft in montibus anchora fummis .

Certum eft anchoram non potuiffe vegetare , nec in montium jugis ad aliquem ufum abfque mari effe potuiffe utilem . Id autem non modo accidiffe univerfalis diluvii tempore , fed aliis fæculis aliis in locis mutatam tellurem , & mare , viciffimique alternaffe non minus ex hiftoria Plinii a cap. 85. ad 92. libri 2. colligi poteft , fed ab aliis . Et nos oculati teftes fumus in Caftro vulgo dicto , *Torre della Nunziata* prope Stabii ruinas , quod olim Pompejanum fuiffe puta-

---

a *Libr. 15. Met.*

tatur, egesto terreno solidissimo, quod taxum appellant quasi naturale terrenum altitudine pedum quadraginta prope mare ad usum molendinorum ibi construendorum, inventos in imo juxta aquam fere, nam arena erat jam reperta, carbones, & lateritia fragmenta, quæ ibi ante congestionem illius terreni dejecta fuisse est credendum, & forsan illa congestio facta fuit Vesuviani incendii tempore, quo Plinius obiit, cum antea littus esset; nec dispari modo Mons novus Puteoli appellatur montis specie egestio, ignis vi ex sulphuraria dicta, loco illo dejecta; quare loco illa mutata non est dubium, possuntque sub illis multa reperiri obruta, quæ minime vegetare potuissent, in testimonium congestionis desuper factæ longo tempore præterito. Objicitur postremo absurdissimum dictu, non esse credendum tot millia dentium, qui effossi sunt, & effodi possunt variis in locis ex demortuis cetaceis esse reliquias, cum plures videantur numero hi, quam qui ab origine mundi excidi potuissent ex maxillis universorum cetaceorum: quasi facilius natura in siccis montibus singulos dentes procreare potuisset intra saxa, quam in mari proprio elemento, & patre, sive matre rerum omnium ducentos simul dentes in maxillis innumerabilium cetaceorum congenerum, quæ ab initio mundi usque ad diluvii tempus demortua potuissent ab æstu maris variis in locis juxta animalium iter, dum viverent, & post demortua juxta etiam ventorum impulsum elisa, & obtrita, limoque obvoluta cum aliis maritimis, & terrestribus rebus congeri, & deinde in sicco relicta propter recessum aquarum in lapideam naturam aliqua cum ipso limo commutari juxta loci aptitudinem, & limi, & succi speciem, alio vero loco etiamnum immutata reperiri, eo quod sicciori, & sabuloso sint obruta, ut in tophaceis locis, & sabulosis Apuliæ, Melitæ, & Neptuni locis a nobis observatis. Id verum esse patet: nam in Melitensi topho simul cum dentibus hisce, sive linguis dictis, conchæ, & buccini, & eorum fragmenta testacea, atque etiam illarum repletiones ejusdem materiei tophaceæ observantur, ac illarum impressiones, quare, qui hæc omnia observarit, nostram sententiam approbare compel-

L

pel-

pelletur . Hoc facile quifpiam obfervare poterit , fi ex Melita , vel fimili loco mediocre tophum habere contenderit , in
quo aliquid ex his adhæferit : nec , ut quidam recentiores ,
contra Philofophiæ præclariffimos fcriptores , ac præceptores
relicta veritate fimiles dentes , & concharum varietates fponte intra faxa oriri amplius dicet , nifi mare eodem loco , eo
temporis intervallo conftiterit , quoufque fuam naturam præ-
buerit monti , ut in eo poffit oriri , & incrementum animal
cum tefta , vel aliud accipere poffit non alio , quam fi in ipfo
mari effet genitum modo , ficuti & aquaticæ plantæ locis arte
aquofis factis , vel cafu folent eo loci etiam , ut in naturalibus paluftribus oriri . Nec ita natum , & enutritum poterit
fuam fuperficiem faxo , vel topho imprimere , ut in his quæ
obruta inveniuntur , ficuti nec imprimit unquam , nec enim
poteft concha illa in argumentum & exemplum allata , quæ
intra faxorum cavitates , aliarumque rerum , ipfarumque teftarum (in fpondylorum teftis obfervavimus externa parte ,
intra quamdam cavitatem vix foraminulo apparente) fponte
in mari , & rupibus maritimis , in quibus allidit unda oriens ,
quæ *Cappa longa* dici afferitur a Goropio , & aliis , vulgo
Dattili a Pifcatoribus , quia dactylorum effigiem , & glan-
dium præfeferunt , ab aliis *pholas* ea ratione dicitur , quia
occulte in cavernis oritur , & vivit , & tamdiu incrementum capit , quoufque intra cavernulam illam commode hiare
poffit , alias periret : nec unquam in faxo , quo vixit , & periit fuæ formæ fignum , vel ftriam aliquam , aut lineam re-
liquiffe eft obfervatum ; cum nec potuerit , propterea quod
tefta crefcens extrema parte , qua hiat , tenerior eft reliqua
in omnibus teftaceis , nec poffet vim faxo , & non fibi ipfi
inferre , ut impreffio fieret faxo . Nec etiam in dictis cavernulis dimidia tefta , vel pars illius , aut fragmentum tantum
fponte ortum fuit repertum , nec etiam ipfa tefta integra ,
quæ per compreffionem faxi rimam , aut fracturæ fignum
paffa fit , ficuti in montibus , & aliis locis extra mare reperiuntur fere omnes , ut vix paucæ integre poffint reperiri . Nos quidem non modo naturalium rerum ignarum ,
fed infanum putamus , qui fruftulum , aut dimidiam teftam ,

vel

vel integram sponte editam eadem magnitudine ab initio ,
vel alio modo intra saxa sic genitam asseruerit , quæ etiam
adeo cohærere saxo reperta sit , ut reperiuntur in saxis ,
quæ vix eximi possit , & non integra , & exempta impres-
sionem sui relinquat , tanquam cuneum ejusdem . Non enim
Natura illas etiamnum nostro sæculo procreare desiisset , si
alias procreasset , atque clarum est piscatoribus , ne dum
naturæ studiosis observatoribus , testas in ipso mari , quibus
animal periit , illas ingredi cancellos pro sua tutela , nec unquam testæ illæ cum cancello , aut sine incrementum accepis-
se est observatum , sed contra quod ob maris volutationem
atteruntur : atque demum insanissimum , qui lapides conchæ
figuram integram , vel dimidiam , aut partem aliquam ex-
primentes illarum , sic vegetasse affirmaverit , quum omnes
illæ figuræ a cadaveribus vegetantium , & obrutarum rerum
originem traxisse non dubitemus . Qui vero non modo , quæ
apud nos , sed quæ apud doctissimum nostrum Imperatum in
suo Museo servantur , omnis generis testaceorum aliarum rerum in lapides versa , vel repleta. vario genere concretionis
lapidea viderit , quin nostram , & antiquorum sententiam
probaverit , experientia , non veremur . Lapides vero , qui
sponte oriuntur figurati , nullam habent cum animalibus , vel
partibus animalium communitatem , sed propria figura , nec
ita exacte reperiuntur , nec ejusdem generis ita sibi respondent , ut in supradictis rebus ex cadaveribus imaginem reci-
pientibus . Sic etiam qui fungi marini dicuntur lapidei , quia
non ex fungorum cadaveribus , sed propria vegetatione ortum ducunt , strias habent in superna parte non inferna , ut in
terrestribus , & pediculo etiam ex leviore parte præditi reperiuntur , ut doctissimus Clusius depinxit , (a) suntque ve-
getabiles eodem modo , quo corallii species porosæ a docto
Ferdinando Imperato *Madreporæ* denominatæ . (b) Diffe-
rúnt quia non ramosi , & statim in latera se expandunt . Clusius in Nilo oriri , qui petiolum habent asseruit . Nos ex
porosa corallii specie , & hos pyxidatos ortos proponimus ,

cu-

---

a *Libr. 6. exot.*   b *Libr. 27. cap. 3.*

cujus iconem damus . (ᵃ) Horum dentium aliarumque rerum intra candidam illam tophaceam Melitenſem concretionem repertarum vires , eaſdem cum ipſa terra Melitenſi , quæ vulgo ab Empyricis circumfertur , (ᵇ) & ſancti Pauli appellatur terra eſſe aſſeritur . (ᶜ) Caniculæ dentes alligati repentinos pavores tolli Plinius recitat . Rondeletius refert , dentes ab aurificibus argento includi , quos ſerpentis dentes vocant : hos e collo puerorum ſuſpendunt mulieres , quia dentitionem juvare creduntur , ac etiam puerorum pavores arcere ; confici etiam dentifricia , nam etiam ignita duritiem ſervant , & pulvis aſperitate dentes dealbat illos detergendo . Bellonius vero : *Lamias enim , qui cupiunt , ex earum dentibus , ac maxillis magnum quæſtum facere ſolent , quos ajunt adverſus venena conferre , quamobrem auro , & argento includere vulgus eos ſolet .*

F I N I S .

IN-

ᵃ *Tab.* xiv. *fig.* 7.   ᵇ *Vires .*   ᶜ *Libr.* 32. *cap.* 10.

INDEX
TABULARUM.

Num. 11.

Num. II. A. Dens lamiæ in petram mutatus , ejuſque typus B. in topho malthæ mollis Melitenſis impreſſus .

Tab. VI. Dens lamiæ in lapidem converſus . A. Ejus radix .

Num. II. Dentes lamiæ naturali ordine diſpoſiti .

Num. III. Tophus Melitenſis , in quo dens caniculæ A in petram mutatus , & nonnullæ hyſtricis marini ſpinæ , pori , conchilia , oſſaque corrupta &c.

Num. IV. Dens caniculæ .

Tab. VII. num. I. Echinus Spatagus compreſſus , & lapideſcens in Melitenſi topho

Num. II. & III. Dentes itidem lamiæ , & caniculæ in lapidem verſi , in Melita effoſſi .

Tab. VIII. num. I. Echinus Melitenſis in petram converſus elegantiſſime ſpeciei .

Num. II. Inferna ejuſdem pars .

Num. III. Idem fractus , qui internas cellulas patefacit .

Num. IV. Parva ejuſdem pars , microſcopio inſpecta , in qua apparent papillæ , in quibus ſpinæ infixe fuerant , & circa quas motabantur .

Quæ ſpinæ a Georgio Everhardo Rumphio in Theſauro piſcium teſtaceorum . Tab. XIII. E E E digiti appellantur , & a Nicolao Gualterio in Indice teſtarum conchyliorum dicuntur Claviculæ .

Tab. IX. num. I. Echini ab Aldrovando Echinometri dicti in lapidem converſi pars inferior , e Melita effoſſa .

Num II. Idem echinus ſuperne viſus .

Tab. X. & XI. Variæ echinorum ſpecies in lapidem mutatorum , quorum multi nondum a Scriptoribus obſervati ſunt .

Nunc autem obſervari poſſunt apud Rumphium Tab. XIII. & XIV. & LXIX. literis C. D. F. & in hiſtoria naturali Lithologiæ , Gallicè ſcripta Tab. XXVIII. & in Indice memorato Nicolai Gualterj Tab. CVII. CVIII. CIX. CX. ac in aliis auctoribus .

Tab. XXII. num. I. Tophus Melitenſis maxillam continens , in qua tres dentes infixi ſunt , & in lapidem verſi .

Num. II. Saxum Melitenſe cum vagina vermiculi marini , quæ vulgo ſerpens lapideſcens dicitur .

De quo vide dictam Historiam par. 2. pag. 250.

Num. 111. Vaginæ vermiculorum maris , quæ affatim peculiaribus formis reperiuntur in portu Meſſanæ rupibus ſub aqua adhærentes .

Tab. XIII. Concha a Rodeletio Rhomboides dicta ſeu echinus , conchylium , oſtreum ſilveſtre &c. in Meſſanæ collibus , ubi innumeri talium concharum acervi conſpiciuntur , reperta .

Tab. XIV. num. 1. 2. 3. 4. & 5. Dentes caniculæ in petram verſi coloris hyacintini e Meſſana adducti .

Num. vi. Conchylia a Fabio Columna *Anomiæ* appellata .

Num. vii. Pori marini .

Pori figuram vide ſis in Indice Gualteriano in fine part. 3. *claſs.* 4. 5. *& 6. & in principio part.* 4. *& in fine ejuſdem partis claſs.* 1.

Num. viii. Roſtra (ut puto) animalis polypo ſimilis .

Quin potius cancri molluenſis Jonſtoni libr. 4. *Tab.* vii. *num.* 4.

Num. ix. Saxa turbinata .

Tab. XV. num. 1. Conchylia echinata .

Num. 11. Turbines .

Num. 111. Tophus dentaliis ſcatens .

Dentalium , dictum quoque ſyringites , & tubulus , ſive ſiphunculus marinus .

Num. iv. Saxum , in quo vermes marini olim inerant in Calabria effoſſum .

Tab. XVI. num. 1. Turbo pentadactylus .

Num. 11. Nonnulli alii turbines , & cocleæ .

Num. 111. Corallum fiſtuloſum .

A. A. Rariſſima concha , quæ bucardia appellatur . In Calabria agri , & montes his conchis oppleti ſunt ,

Tab. XVII. num. 1. 2. & 3. Conchylia varia .

A. A. Lapis S. Margaritæ , ſeu turbinum operculum .

In Indice Gualteriano Tab. lxx. *ita inſcribitur : Operculum teſtaceum , ſubrotundum , in ſe contortum , ſubalbidum , aliquando ex candido rubrum , aliquando flammeum : Umbilicus marinus , Lapis ſanctæ Margaritæ , Oculus ſanctæ Luciæ dictum . Rumph. Tab.* xx. *lit. C. E.*

B. Mil-

B. Milleporus repertus una cum innumeris aliis corporibus marinis intra terram in capite Mylarum in Sicilia .

Tab. XVIII. num. 1. 11. 111. & iv. Vertebræ in lapidem versæ , in Melita , atque alibi repertæ .

Num. v. Spina piscis .

Num. vi. vii. & viii. Dentalia variæ speciei in petram conversa .

Tab. XIX. num. 1. Saxum in se continens partem cancri marini , idest unum ex parvis brachiis ; unumque ex crassioribus , quæ dimidium conchylii striati perstringit , e Messana advectum .

Num. 11. Saxum durissimum ex variis speciebus conchyliorum , turbinum , & coraliorum compactum , itidem e Messana .

Num. 111. iv. & v. Echinus , conchylium , & turbo , in quibus gemmantia corpora conspiciuntur , e Messana .

Tab. XX. num. 1. Coralium simplex durissimum , sed decoloratum

Num. 11. Coralium fistulosum , quod copiosum in collibus Messanensibus conspicitur

Tab. XXI. Coralium articulatum , quod copiosissimum in rupibus , & collibus Messanæ reperitur .

Tab. XXII. num 1. Herinaceus , seu echinus maris , cui similes e Siculo mari eruuntur .

In Indicis Gualteriani Tab. cviii. videre est figura hujus echini , & descriptio , necnon varia ejus nomina .

Num. 11. Idem spinis denudatus ,

Num. 111. Partes testæ ejusdem echini :

Tab. XXIII. num. 1. Tophus durissimus ex fragmentis coagmentatus , in quo integer echinus speciatim apparet A. necnon quinta pars hystricis C. & porus quidam D. & conchylium illud , quod Anomia vocatur : omnia in lapidem solide compactum versa ; e Messana .

Num. 11. E. F. Hystrix lapidescens , compressus , atque dissolutus in ligaturis , circa quem spinæ ipsius sunt CG. parvusque echinus D. in molli topho Melitensi .

Num. 111. Partes hystricis , seu echini lapidescentes , e Melita delatæ , quæ vulgo papillæ vocantur .

Tab.

Tab. XXIV. num. 1. Hyſtrix marinus in lapidem converſus , & omnino integer , e collibus Meſſanenſibus .

Num. 11. Saxum Melitenſe album , cum hyſtricis parte , ejuſque ſpina A. omnia in valde ſolidum lapidem muta-ta .

Num. 111. Hyſtricis ſpinæ lapideſcentes , quæ in Melita vulgo appellantur Baculi S. Pauli .

In Indice Gualteriano Tab. cviii. *ita enunciantur : Cla-vicularum majorum varietates , quibus præcipue arma-tur echinometra* C.

Tab. XXV. num. 1. Echinus confraſtus , & lapideſcens , e Meſſana .

Num. 11. Spatagus lapideſcens , adhuc coopertus , e Ca-labria .

Tab. XXVI. Echini varie compreſſi , & fraſti ſecundum for-tuitum eorum ſitum , e Meſſana adveſti .

Tab. XXVII. Caput piſcis *Vacca* nuncupati e vivo effiſtum , ac delineatum . *Vide ſupra ad Tab.* 1. & *pag.* 18. *hu-jus epiſtolæ* .

A. B. C. Ejuſdem dentes .

Tab. XXVIII. num. 1. Ejuſdem piſcis Vaccæ delineatio a ne-mine adhuc adlata .

Num. 11. Piſcis vulgo *Stampella* diſtus e vivo delineatus , qui dentibus donatus eſt inſtar multorum , qui in Me-lita reperiuntur lapideſcentes .

Num. 111. Dentes ejuſdem piſcis , caniculæ ſimillimi tam in vario ordine dentium , quam in eorum numero , ac in omni alia oris qualitate .

RE-

REIMPRIMATUR,

Si videbitur Reverendiſſimo Patri Sacri Palatii Apoſtolici Magiſtro.

F. M. de Rubeis Patriarch. Conſtantinop.
Viceſgerens.

APPROBATIO.

EX mandato Reverendiſſimi Patris Magiſtri Sacri Palatii Apoſtolici præſens Opuſculum legi, & nihil in eo reperi, quod a noſtra Religione, vel a bonis moribus abſonum foret. Romæ Idibus Juliis 1746.

Johannes Bottarius.

REIMPRIMATUR,

Fr. Vincentius Elena Magiſter Socius Reverendiſſimi Patris Sacri Palatii Apoſtolici Mag. Ord. Præd.

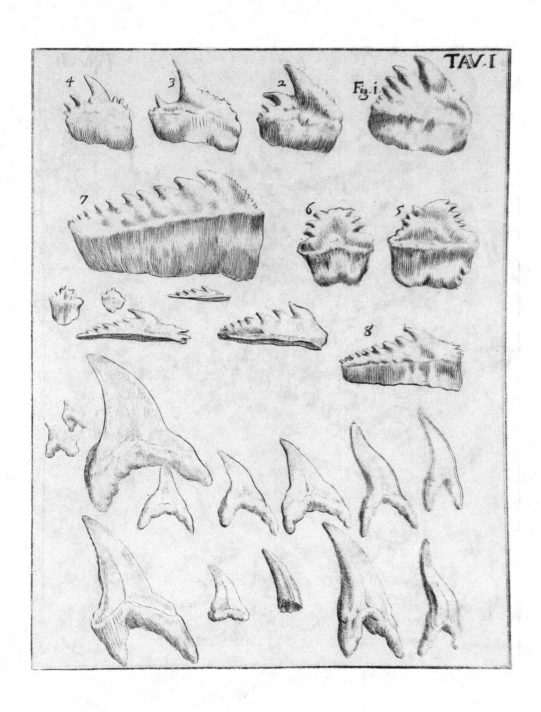

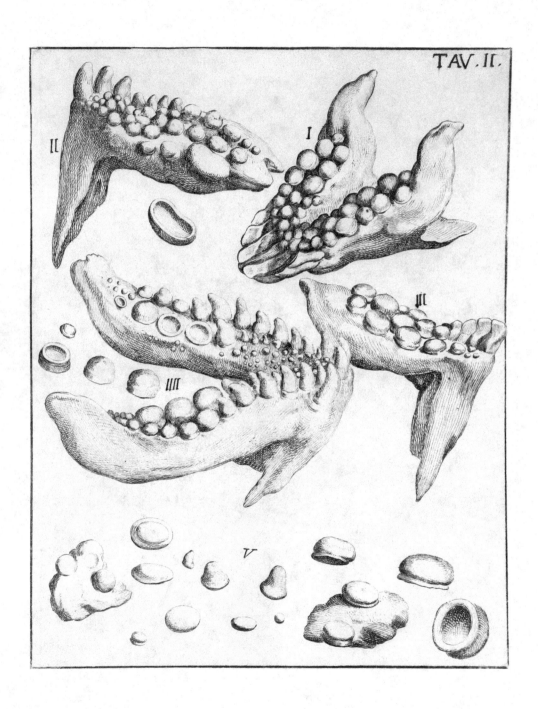

TAV. III

Fig. I.

Fig. II.

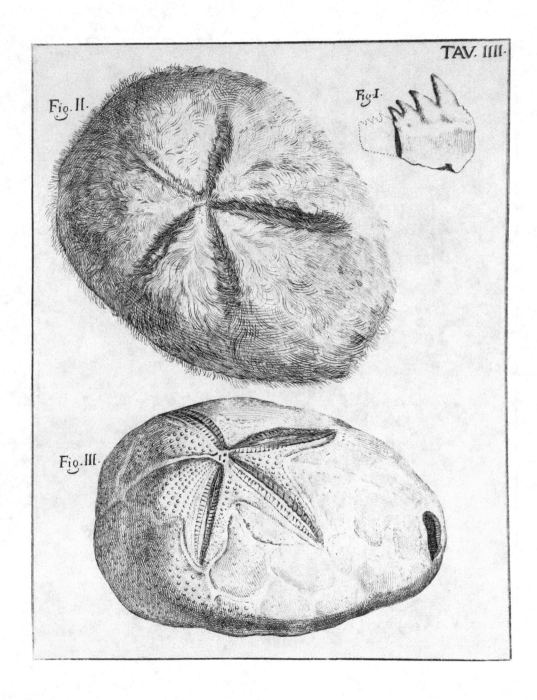

Fig. II.

Fig. I.

Fig. III.

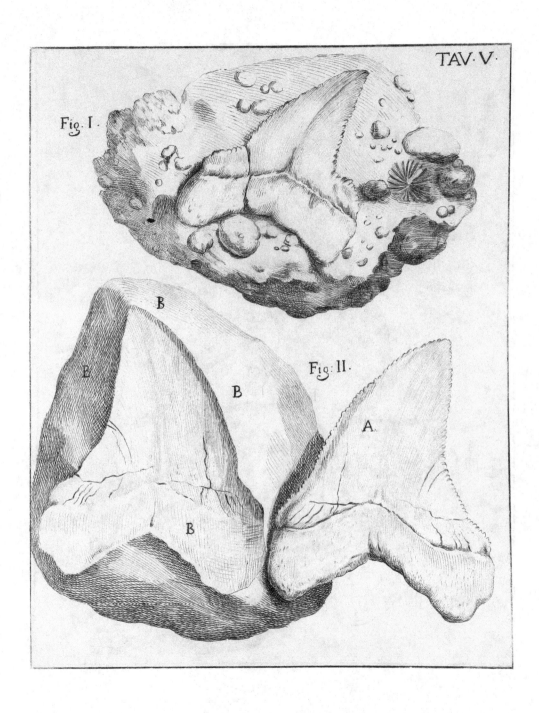

TAV·V·

Fig. I.

Fig: II.

B

E

B

B

A

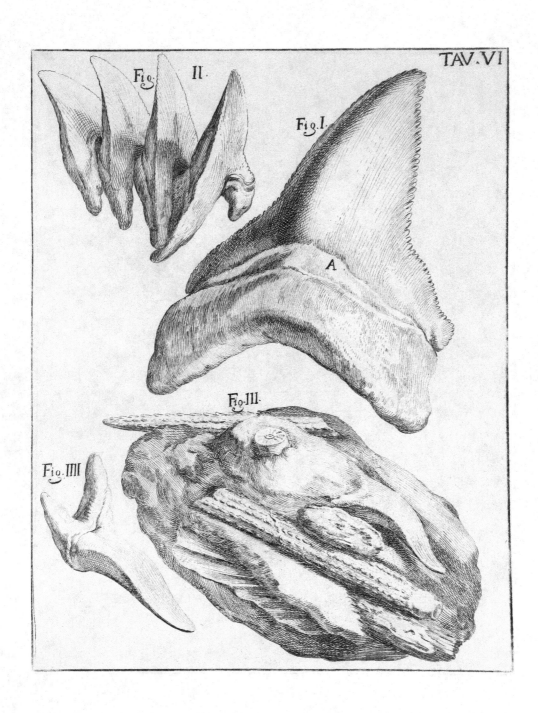

TAV. VI

Fig. II.

Fig. I.

A

Fig. III.

Fig. IIII.

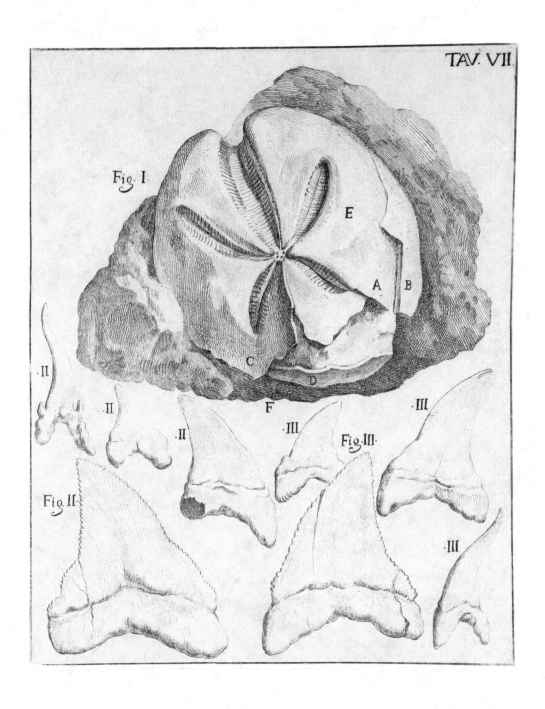

TAV. VII

Fig. I.

E

A B

C D

F

II II II III III

Fig. III.

III

Fig. II.

III

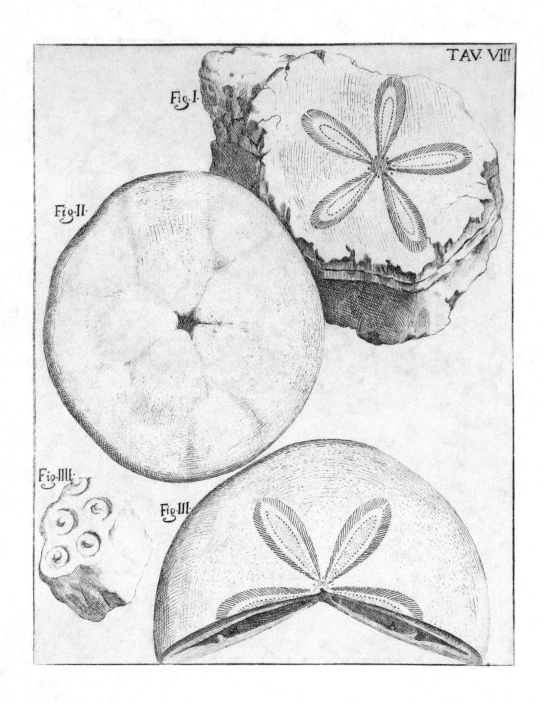

TAV. VIII

Fig. I.

Fig. II.

Fig. IIII.

Fig. III.

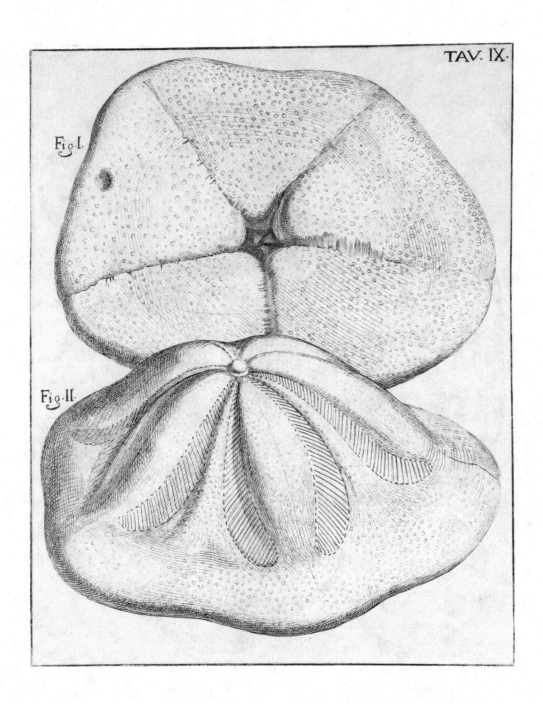

TAV. IX.

Fig. I.

Fig. II.

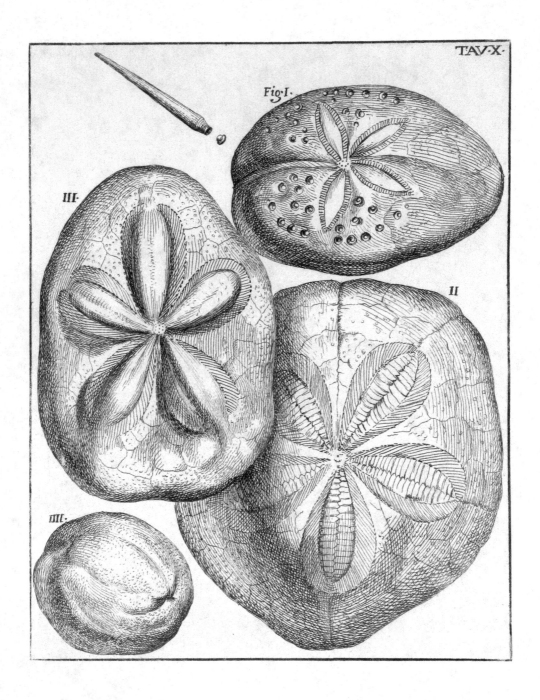

TAV·X·

Fig·I·

III·

II

IIII·

Fig. I.

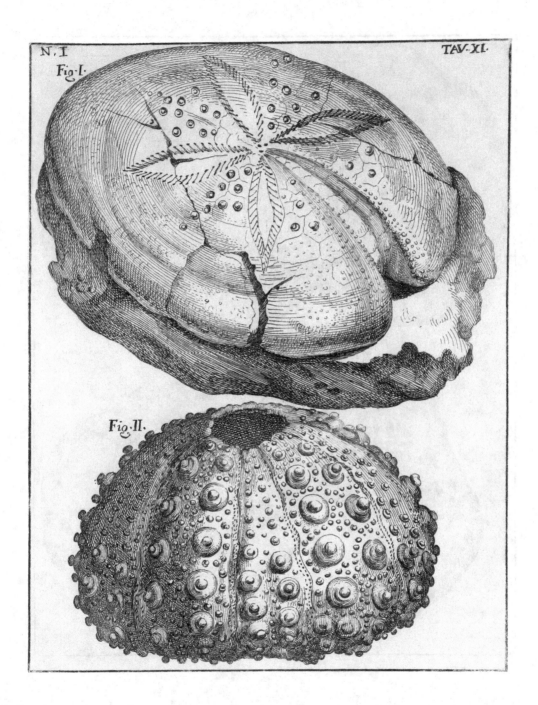

Fig. II.

TAV·XII

Fig.I.

A

A

A

A

Fig·II·

Fig·III·

·III·

III

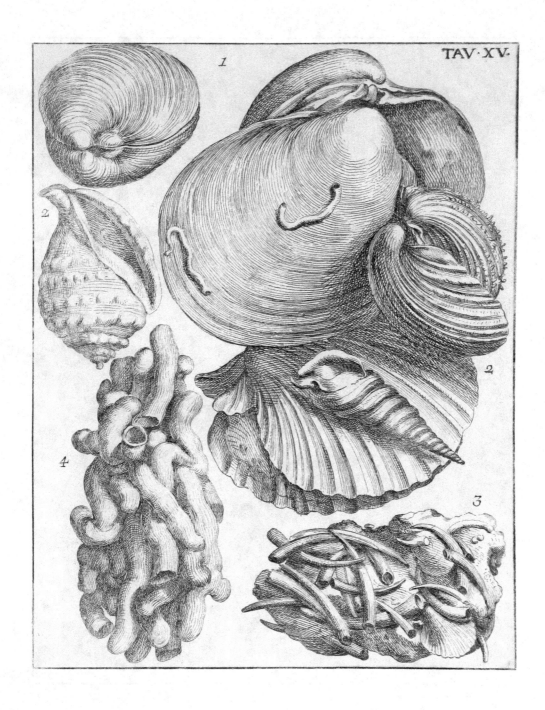

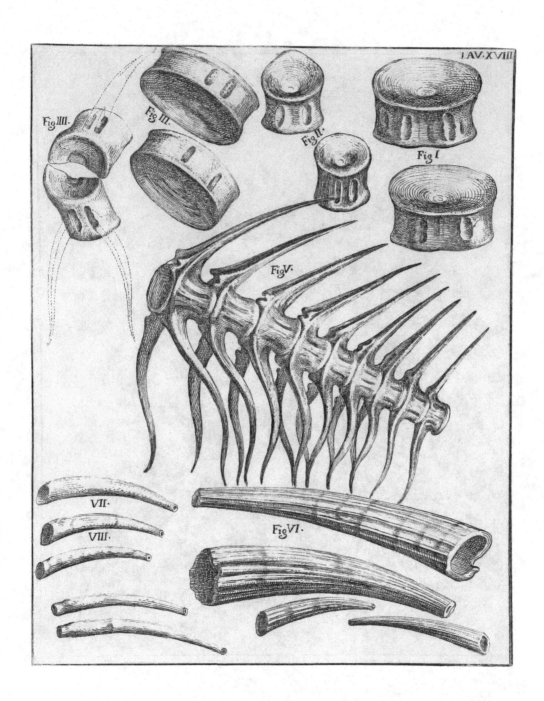

TAV. XVIII

Fig. IIII.   Fig. III.   Fig. II.   Fig. I.

Fig. V.

VII.

VIII.   Fig. VI.

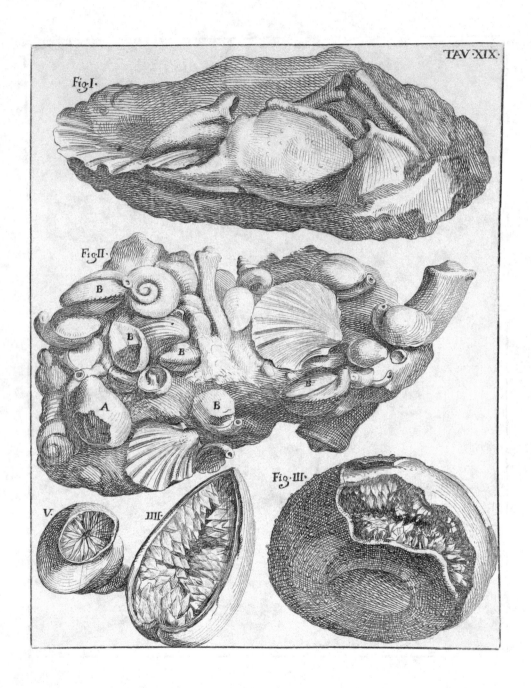

Fig·II·

Fig·I·

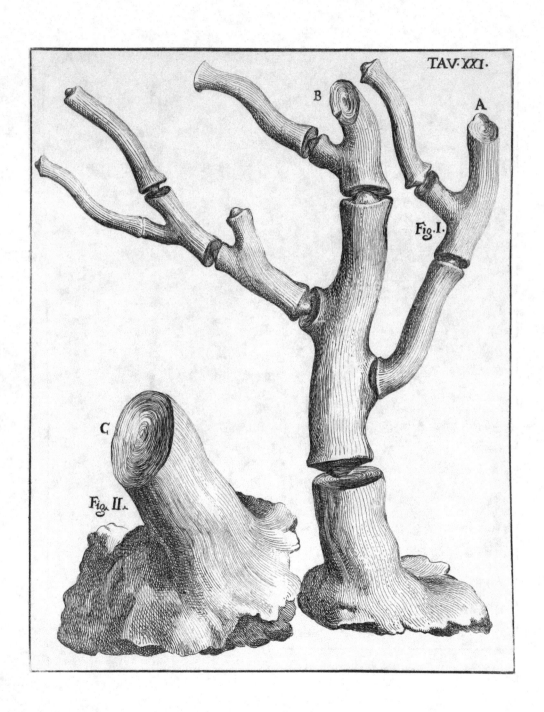

TAV· XXI·

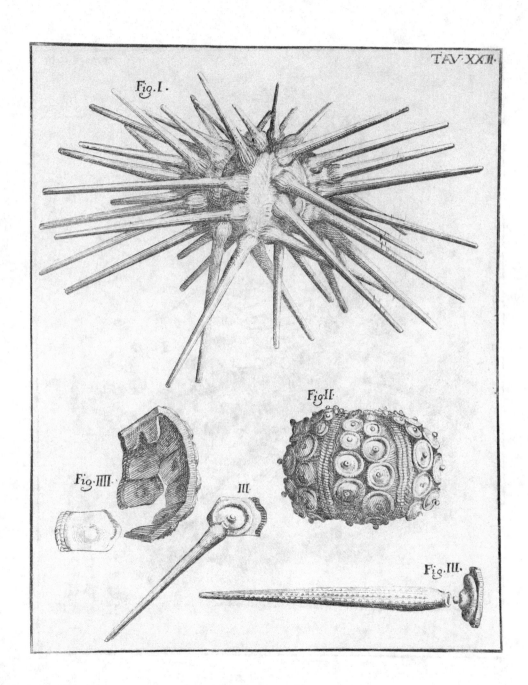

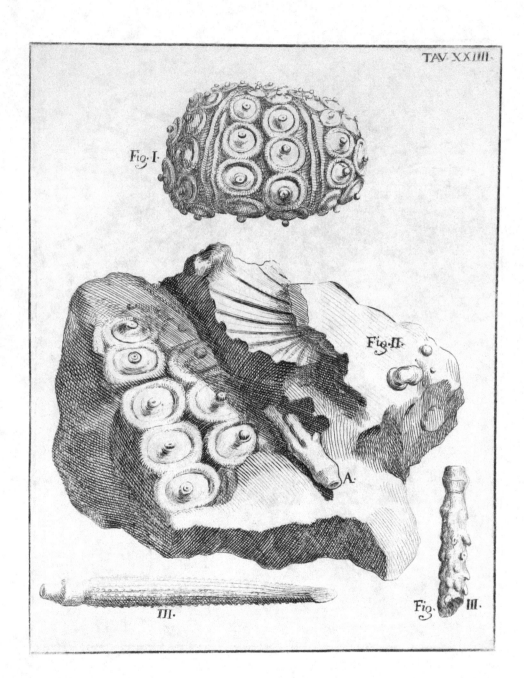

Fig. I.

Fig. II.

A.

III.

Fig. III.

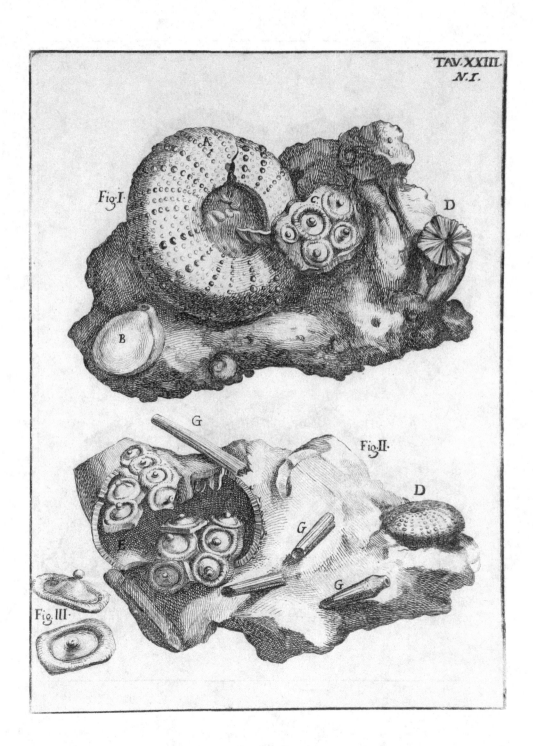

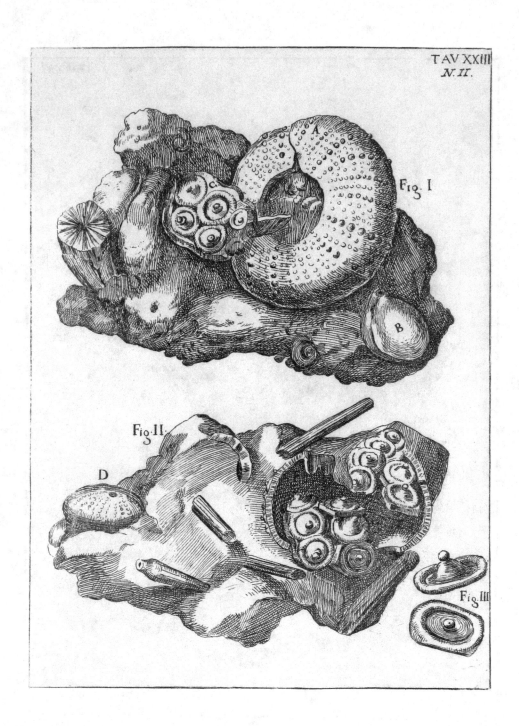

Fig·I·

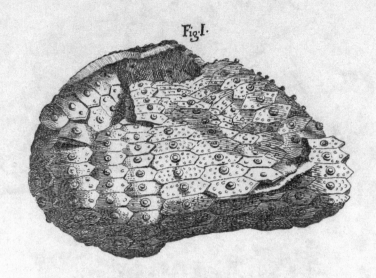

Fig·II·

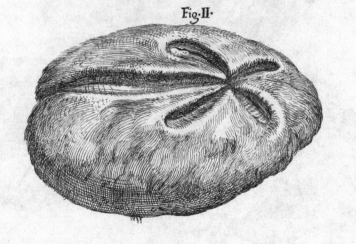

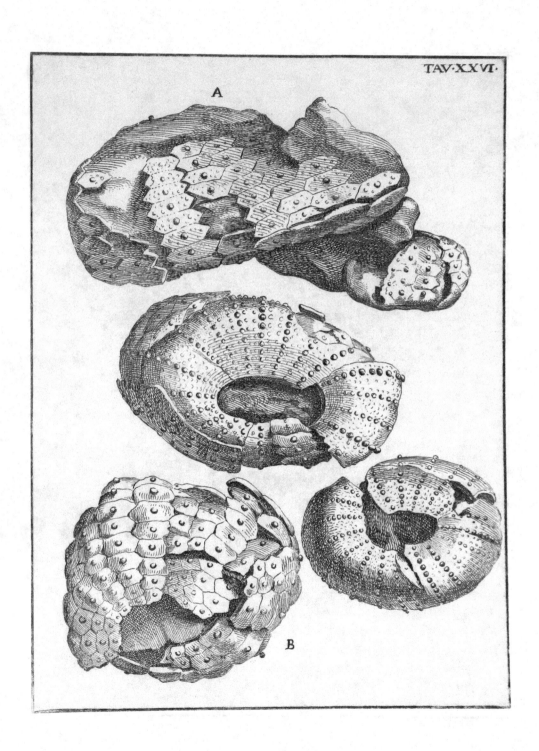

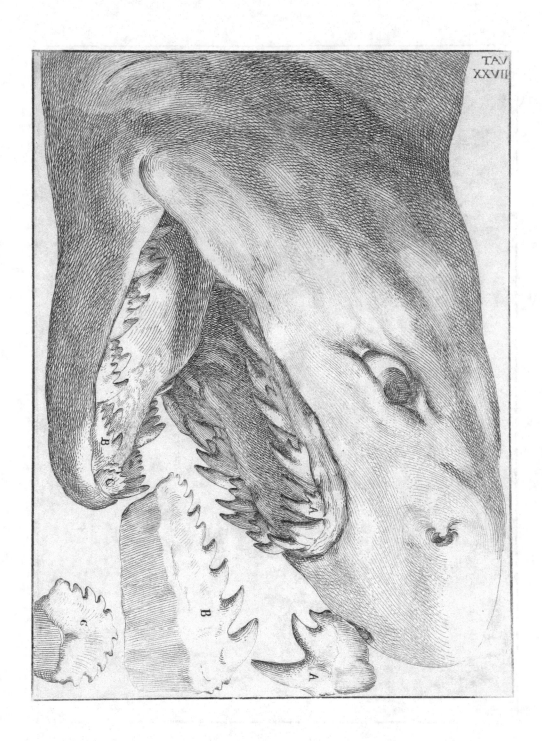

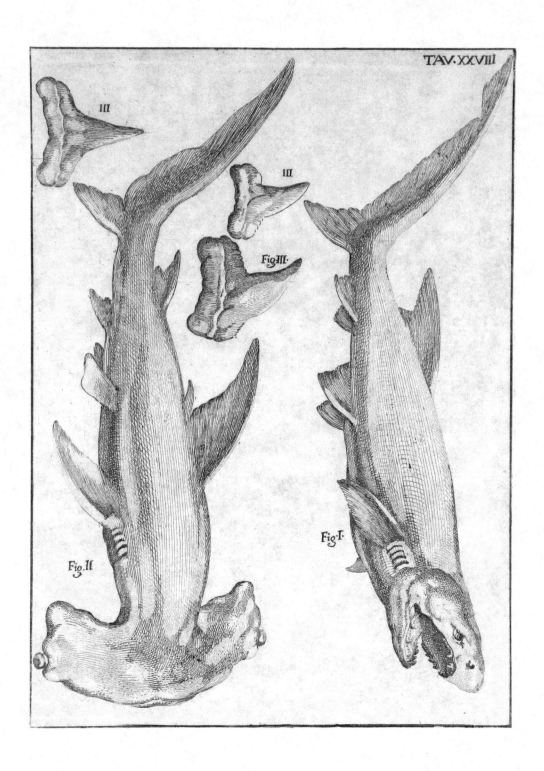

III

III

Fig.III.

Fig.II.

Fig.I.